广东省化妆品工程技术研究中心资助项目
广东省化妆品专业示范基地资助项目
广东省省级实验教学示范中心资助项目

全国高等院校化妆品专业系列教材

表面活性剂实验

主　　编　申东升

副 主 编　曹　高

编　　委　（按姓氏笔画排序）

王　婴　申东升　刘丰收

刘　宁　赵力民　曹　高

科学出版社

北　京

内 容 简 介

本书为高等院校表面活性剂实验教材。全书分为六章，包括表面活性剂基本知识、表面活性剂合成实验、天然表面活性剂提取与改性实验、表面活性剂性质实验、表面活性剂分析实验、表面活性剂应用实验。本书取材广泛，内容新颖全面，共 80 个实验，在实验技术和内容上进行了认真筛选，既反映表面活性剂的常用品种、基本性质和经典配方，又融入了表面活性剂的最新研究成果，力求满足创新型人才培养的需要，填补了表面活性剂实验教材空白。

本书可作为高等院校化学、应用化学、材料化学、生物化工、药物制剂、制药工程、食品质量与安全、食品科学与工程、化学工程与工艺、高分子材料与工程等本科专业及研究生相关专业表面活性剂课程的实验教材，也可供从事表面活性剂开发与应用研究的科技人员参考。

图书在版编目（CIP）数据

表面活性剂实验 / 申东升主编. —北京：科学出版社，2017.6

全国高等院校化妆品专业系列教材

ISBN 978-7-03-052783-7

Ⅰ. ①表… Ⅱ. ①申… Ⅲ. ①表面活性剂–实验–高等学校–教材 Ⅳ. ①TQ423-33

中国版本图书馆 CIP 数据核字(2017)第 102576 号

责任编辑：王　超　胡治国 / 责任校对：郭瑞芝
责任印制：赵　博 / 封面设计：陈　敬

科学出版社 出版
北京东黄城根北街 16 号
邮政编码：100717
http://www.sciencep.com
固安县铭成印刷有限公司印刷
科学出版社发行　各地新华书店经销
*
2017 年 6 月第　一　版　　开本：787×1092　1/16
2024 年 7 月第三次印刷　　印张：11
字数：249 000
定价：45.00 元
（如有印装质量问题，我社负责调换）

丛书前言

化妆品产业是美丽经济和时尚事业，解决的是清洁、干燥、瑕疵、皱纹等问题，近30年在我国得到了迅猛发展，取得了前所未有的成就。由于受收入水平提升带来的消费层次升级、消费习惯改变等因素的影响，我国化妆品产业将在未来一段时间继续保持稳定增长态势，产业发展空间巨大。我国化妆品市场中，外资名牌产品占据重要地位，而民族企业因为人才、技术及资金等因素的制约，难以在品牌策划、产品开发和质量保障等诸多方面与跨国企业相抗衡，尤其是在原料开发、新剂型创新等基础研究方面比较薄弱，仍处于初级阶段。对于培养化妆品人才的高等教育来说，目前只有少数几个高校在应用化学、轻化工程或生物学专业中开设化妆品方向，相关的课程体系还需要尽快建立和完善。

为适应全国高等院校化妆品专业人才培养的需要，创建一套符合我国化妆品专业培养目标和化妆品学科发展要求的专业系列教材，以教学创新为指导思想，以教材建设带动学科建设为方针，广东省化妆品工程技术研究中心设立化妆品专业教材专项资助资金，组织成立《全国高等院校化妆品专业系列教材》编审委员会，根据化妆品学科对化妆品技术人才素质与能力的需求，充分吸取国内外化妆品教材的优点，组织编写了这套化妆品专业系列教材——《全国高等院校化妆品专业系列教材》，这对于推动我国高等院校化妆品专业发展与人才培养具有重要的意义。

本系列教材涵盖专业基础课、专业核心课、专业选修课、实践环节课和专业综合训练课，重点突出化妆品专业基础理论、前沿技术和应用成果，包括中药化妆品学、生物化妆品学等理论课教材，以及香料香精实验、表面活性剂实验、化妆品功效评价实验、化妆品安全性评价实验、化妆品质量分析检测实验、化妆品配方与工艺学实验等实验指导书，力求做到符合化妆品专业培养目标、反映化妆品学科方向、满足化妆品专业教学需要，努力创造具有适用性、系统性、先进性和创新性的特色精品教材。

本系列教材主要面向本科生、研究生，以及相关领域的科学工作者和工程技术人员。我们希望本系列教材既能为在校大学生和研究生的学习提供内容先进、论述系统的教材，也能为从事化妆品研究开发的广大科学工作者和工程技术人员的知识更新与继续学习提供合适的参考资料。

值此《全国高等院校化妆品专业系列教材》陆续出版之际，谨向参与本系列教材规划、组织、编写的教师和科技人员，向提供帮助的从事化妆品高等教育的教师，向给予支持的科学出版社，致以诚挚的谢意，并希望本系列教材在全国高等院校化妆品专业人才培养中发挥应有的作用。

申东升

2017 年 2 月

前　言

本书为全国高等院校化妆品专业系列教材。本书由《全国高等院校化妆品专业系列教材》编审委员会组织编写，教材内容突出基本理论、基本知识和基本技能。

无论是香甜细腻的冰淇淋，还是精致可口的糕点，抑或是种类繁多的化妆品，都可见到表面活性剂的踪影。表面活性剂用途极其广泛，其应用渗透到几乎所有工业部门。

表面活性剂是一类同时含有亲水基团和亲油基团的化合物，由于其具有润湿、乳化、渗透、起泡、分散、洗涤、匀染、加溶、杀菌和防腐等独特性能，而被广泛应用于食品、农药、医药、香精、日用化工、生物化工、合成化工、矿物浮选、石油开采、新型材料、环境保护等领域。表面活性剂发展日新月异，各种理论教材和研究专著不断涌现，而表面活性剂实验教材至今却未见出版，实验教学内容散见于各种文献资料。

为满足高等院校化学、化工、食品、药学、生物和材料类各专业表面活性剂实验教学，反映表面活性剂最新研究成果，培养学生综合运用表面活性剂基本知识和实验操作的能力，填补表面活性剂实验教学用书空白，《全国高等院校化妆品专业系列教材》编审委员会组织编写了本书。

全书分为六章。第一章为表面活性剂基本知识，介绍表面活性剂的概况、分类、来源、性质、功能和应用，第二章为表面活性剂合成实验，第三章为天然表面活性剂提取与改性实验，第四章为表面活性剂性质实验，第五章为表面活性剂分析实验，第六章为表面活性剂应用实验。第二章到第六章中的每一个实验都列出了实验目的、实验原理（或提取原理、分析原理等）、仪器与试剂、实验步骤（含实验结果、产物分析鉴定等）、附注与注意事项、思考题六个部分。为了进一步培养学生独立进行实验的能力，书末列出了参考书目。

本书取材广泛，内容新颖全面，共安排了 80 个实验，既反映了表面活性剂的合成与提取工艺、基本性质实验、分析检测方法和应用配方实验，又融入了近年来表面活性剂开发与应用方面的最新研究成果，力求达到启迪学生思路、拓宽知识视野、满足创新型人才培养的目的。

本书可作为高等院校化学、应用化学、材料化学、药物制剂、制药工程、生物化工、食品质量与安全、食品科学与工程、化学工程与工艺、高分子材料与工程等本科专业及研究生相关专业表面活性剂课程的实验教材，也可供从事表面活性剂开发与应用研究的科技人员参考。

本书由申东升担任主编，曹高担任副主编。第一章由申东升编写，第二章由刘丰收编写，第三章由王婴编写，第四章由刘宁编写，第五章由赵力民编写，第六章由曹高编写。除书末列出的参考文献以外，还参阅和引用了国内外大量文献资料，在此谨向所有著作者致以真诚的谢意。

表面活性剂实验内容丰富，新品种层出不穷，应用领域不断拓展，但由于编者水平有限，不足之处在所难免，恳请读者批评指正。

申东升

2017 年 2 月

目　　录

丛书前言

前言

第一章　表面活性剂基本知识……………………………………………………1

　　第一节　表面活性剂的概况……………………………………………………1

　　第二节　表面活性剂的分类……………………………………………………1

　　第三节　表面活性剂的来源……………………………………………………9

　　第四节　表面活性剂的性质和功能……………………………………………14

　　第五节　表面活性剂的应用……………………………………………………19

第二章　表面活性剂的合成实验………………………………………………22

　　第一节　阴离子型表面活性剂的合成…………………………………………22

　　　　实验一　十二烷基苯磺酸钠的合成…………………………………………22

　　　　实验二　月桂醇硫酸钠的合成………………………………………………23

　　　　实验三　β-萘磺酸钠的合成……………………………………………………24

　　　　实验四　油酸正丁酯硫酸酯钠盐的合成……………………………………26

　　　　实验五　仲十二醇醚羧酸钠的合成…………………………………………27

　　第二节　阳离子型表面活性剂的合成…………………………………………28

　　　　实验六　N,N-二甲基十二烷基苄基氯化铵的合成…………………………28

　　　　实验七　松香基季铵盐阳离子表面活性剂的合成…………………………29

　　　　实验八　己二胺类季铵盐型双子表面活性剂的合成………………………30

　　　　实验九　壬基酚类季铵盐型双子表面活性剂的合成………………………31

　　　　实验十　聚氧乙烯型阳离子表面活性剂的合成……………………………33

　　　　实验十一　全氟辛基磺酰基季铵碘化物的合成……………………………34

　　第三节　非离子型表面活性剂的合成…………………………………………35

　　　　实验十二　N,N-双羟乙基十二烷基酰胺的合成……………………………35

　　　　实验十三　松香聚甘油酯表面活性剂的合成………………………………36

　　　　实验十四　水性聚氨酯表面活性剂的制备…………………………………37

　　　　实验十五　反应型表面活性剂的制备………………………………………38

　　　　实验十六　脂肪酸蔗糖酯非离子表面活性剂的合成………………………39

　　第四节　两性表面活性剂的合成………………………………………………41

　　　　实验十七　十二烷基二甲基氧化胺的合成…………………………………41

实验十八 咪唑啉型两性表面活性剂的合成 ················· 42

实验十九 硼酸酯型两性表面活性剂的制备 ················· 43

实验二十 磷酸酯型表面活性剂的合成 ··················· 44

第五节 高分子表面活性剂的合成 ······················ 45

实验二十一 可聚合聚氨酯表面活性剂的合成 ··············· 46

实验二十二 纤维素基表面活性剂的合成 ················· 47

实验二十三 聚乙烯醇的制备 ······················· 48

实验二十四 月桂醇聚氧乙烯醚的合成 ··················· 49

第三章 天然表面活性剂提取与改性实验 ···················· 50

第一节 从植物体中提取表面活性剂 ····················· 50

实验二十五 大豆中磷脂的提取 ····················· 50

实验二十六 海藻中海藻酸钠的提取 ··················· 52

实验二十七 茶籽中茶皂素的提取 ···················· 54

实验二十八 植物甾醇的提取 ······················ 56

实验二十九 大豆分离蛋白的提取 ···················· 58

第二节 从动物体中提取天然表面活性剂 ·················· 60

实验三十 猪脑中胆甾醇的提取 ····················· 60

实验三十一 牛奶中酪蛋白的提取 ···················· 62

第三节 天然高分子表面活性剂的改性实验 ················· 63

实验三十二 疏水改性羟乙基纤维素的制备 ··············· 64

实验三十三 十二烷基糖苷的制备 ···················· 65

实验三十四 O-羟丙基-N-辛基壳聚糖的制备 ·············· 67

第四章 表面活性剂性质实验 ·························· 69

第一节 表面活性剂基本性质测定 ····················· 69

实验三十五 表面张力的测定 ······················ 69

实验三十六 临界胶束浓度的测定 ···················· 73

实验三十七 乳状液的制备和类型鉴别 ················· 74

实验三十八 克拉夫特点的测定 ····················· 76

实验三十九 浊点的测定 ························· 76

实验四十 亲水亲油平衡值的测定 ···················· 78

第二节 表面活性剂功效性质测定 ····················· 80

实验四十一 增溶力的测定 ······················· 81

实验四十二 润湿力的测定 ······················· 83

实验四十三　乳化力的测定 ……………………………………………… 88

实验四十四　发泡力的测定 ……………………………………………… 91

实验四十五　分散力的测定 ……………………………………………… 94

实验四十六　洗涤力的测定 ……………………………………………… 98

实验四十七　杀菌力的测定 ……………………………………………… 99

第五章　表面活性剂分析实验 ………………………………………………… 102

第一节　表面活性剂基本参数确定 ……………………………………… 102

实验四十八　酸值、碘值、皂化值的测定 ……………………………… 102

实验四十九　水分、盐分含量测定 ……………………………………… 104

实验五十　洗衣粉中五氧化二磷含量测定 ……………………………… 105

第二节　表面活性剂类型的鉴定 ………………………………………… 107

实验五十一　阴离子表面活性剂类型鉴定 ……………………………… 107

实验五十二　阳离子表面活性剂类型鉴定 ……………………………… 108

实验五十三　非离子表面活性剂类型鉴定 ……………………………… 109

实验五十四　洗衣粉中表面活性剂离子类型鉴定 ……………………… 111

第三节　普通表面活性剂分析 …………………………………………… 112

实验五十五　污水中阴离子表面活性剂含量测定 ……………………… 113

实验五十六　阴离子表面活性剂月桂醇磺酸钠乳化能力测试 ………… 115

实验五十七　溶液中阳离子表面活性剂苯扎溴铵含量测定 …………… 116

实验五十八　两性表面活性剂活性物含量测定 ………………………… 118

实验五十九　沐浴乳中两性表面活性剂含量测定 ……………………… 120

实验六十　非离子表面活性剂吐温-80 中脂肪酸含量测定 …………… 122

第四节　特种表面活性剂分析 …………………………………………… 124

实验六十一　双子型表面活性剂含量测定 ……………………………… 124

实验六十二　松香基季铵盐双子型表面活性剂性质测定 ……………… 126

第六章　表面活性剂应用实验 ………………………………………………… 128

第一节　表面活性剂在日用化学品中的应用 …………………………… 128

实验六十三　洗洁精的配制及脱脂力的测定 …………………………… 128

实验六十四　膏霜的配制 ………………………………………………… 131

实验六十五　牙膏的制备 ………………………………………………… 134

实验六十六　肥皂的制备 ………………………………………………… 136

实验六十七　防晒霜的配制 ……………………………………………… 137

第二节　表面活性剂在医药和生物技术中的应用 ……………………… 139

实验六十八　表面活性剂在对氨基苯甲醛合成中的应用 …………………… 140

实验六十九　非离子表面活性剂在苦参碱提取中的应用 ………………… 142

实验七十　微乳薄层色谱法鉴别黄蜀葵花药材黄酮类成分 …………… 143

第三节　表面活性剂在环境保护中的应用 …………………………………… 144

实验七十一　废纸脱墨剂的制备及应用 ………………………………… 145

实验七十二　甲醇-柴油-水微乳燃料的制备 …………………………… 146

实验七十三　表面活性剂在柴油污染土壤洗涤中的应用 ……………… 148

第四节　表面活性剂在现代农业中的应用 …………………………………… 149

实验七十四　草甘膦混悬剂的制备 ……………………………………… 150

实验七十五　多养分复合叶面肥的制备与性能 ………………………… 151

第五节　表面活性剂在食品行业中的应用 …………………………………… 153

实验七十六　人造肥牛脂肪乳状液的制备 ……………………………… 153

实验七十七　豆油乳状液剂的制备 ……………………………………… 155

第六节　表面活性剂在其他精细化工产品中的应用 ………………………… 157

实验七十八　乙酸乙烯酯的乳液聚合及其涂料的配制 ………………… 158

实验七十九　丙烯酸系压敏胶的制备 …………………………………… 159

实验八十　超细透明氧化铁黄颜料的制备 ……………………………… 161

参考文献 …………………………………………………………………………… 163

第一章

表面活性剂基本知识

第一节　表面活性剂的概况

表面活性剂，是指向溶液中加入少量就能显著降低溶液界面张力，从而显著改变溶液界面状态的物质。

物质的界面是指物质相与相的分界面。油和水互不相溶，油与水混在一起分为两层，其中的分界面即为油水界面。物质有气、固、液三种聚集状态，相应地就有气-液、气-固、液-液、液-固、固-固等五种不同的相界面。当组成界面的两相中有一相为气相时，常称为表面。

物质的表面与其内部，无论在结构上还是在化学组成上都有明显的差别，这是因为物质内部原子受到周围原子的相互作用是相同的，而处在表面的原子所受到的作用力是不相同的。液体表面分子所受液相分子的引力比所受气相分子的引力大，产生了表面分子受到指向液体内部并垂直于表面的引力，因此表面分子有向液相内部迁移的趋势，从而使液体表面具有张力，有自发收缩的趋势，其表现是小液滴成球形，如水银（汞）珠、植物叶片上的露珠。这种引起液体表面自动收缩的力称为表面张力。

表面活性剂同时具有亲水基团和亲油基团。其分子结构具有两亲性，一端为对水有亲和性的亲水基团，另一端为对烃有亲和性的亲油基团。亲水基团常为极性基团，如羧酸基、磺酸基、硫酸酯基、氨基或胺基及其盐，以及羟基、酰胺基、醚键等。亲油基团常为非极性烷烃链、环烃链、芳烃链、碳氟链、碳硅链、聚氧丙烯链，以及 8 个碳原子以上的脂肪酸、脂肪醇、酯基、醚基等。

表面活性剂的表面张力源于表面活性剂分子的两亲性结构。当表面活性剂溶于水时，亲油基团受到水分子的排斥而逸出水面，而亲水基团又受到水分子的吸引，这样就形成了一种不稳定的状态。为克服这种状态，分子就只有占据溶液界面，将亲水基伸向水相，而将亲油基伸向气相或油相，在界面富集形成定向单分子吸附层，使气-水界面或油-水界面的张力下降，从而表现出表面活性。表面活性剂能在各种界面上定向排列，而在其内部能形成胶束，其作用主要表现在能改变物质表面的物理化学性质，从而产生乳化、润湿、起泡、增溶等一系列特殊的性能。

表面活性剂对分子链长度有一定要求。例如，CH_3CH_2COONa、CH_3COONa，它们分子中虽都含有亲水基—COONa 和亲油基—R，但由于烃链过短，亲油能力很弱，没有表面活性。而当烃链大于 C_{20}，由于烃链过长，亲油能力太强而不溶于水，表面活性很差。因此，只有当烃链长度在 $C_{12} \sim C_{18}$ 范围内才是性能良好的表面活性剂。

第二节　表面活性剂的分类

表面活性剂种类繁多，分类方法多种多样。常用的分类方法有按溶于水后的离子类型，按组成、来源和功能的特殊性两种分类方法。

一、按离子类型分类

按溶于水后的离子类型分类，可将表面活性剂分为阴离子型表面活性剂、阳离子型表面活性剂、两性型离子表面活性剂等离子型表面活性剂，以及非离子型表面活性剂。

（一）离子型表面活性剂

1. 阴离子型表面活性剂　阴离子型表面活性剂是应用最早、产量最大的一类表面活性剂。其亲油基主要为烷基、烷基苯等，亲水基主要有钠盐、钾盐、乙醇胺盐等水溶性盐类。阴离子型表面活性剂主要有羧酸盐（$RCOO^-M^+$）、烷基硫酸酯盐（$ROSO_3^-M^+$）、烷基磷酸酯盐（$ROPO_3^-M^+$）、烷基磺酸盐（$RSO_3^-M^+$）四种类型。

（1）羧酸盐型表面活性剂：羧酸盐型表面活性剂是以羧基为亲水基的一类阴离子型表面活性剂，俗称皂类表面活性剂。分子中含有—COOM 基团，主要有钠盐、钾盐、铝盐和有机碱皂。羧酸盐型表面活性剂有很好的润湿能力和去污能力，常在中性和碱性条件下使用。

（2）硫酸酯盐型表面活性剂：硫酸酯盐型表面活性剂是指分子中含有 $ROSO_3M$ 的一类阴离子型表面活性剂。M 为碱金属、NH_4^+ 或有机胺盐，R 为 $C_8 \sim C_{18}$ 的烃基，$C_{12} \sim C_{14}$ 的醇。硫酸酯盐型表面活性剂具有良好的发泡力和洗涤能力，能在硬水中使用。

（3）磺酸盐型表面活性剂：分子中含有—CSO_3M 基团的表面活性剂，称为磺酸盐型表面活性剂。这类表面活性剂是目前产量最大、用途最广泛的一类，包括烷基苯磺酸盐等石油磺酸盐、木质素磺酸盐等。常用的有烷基苯磺酸钠、烷基苯磺酸钙、烷基苯磺酸三乙醇胺、烷基萘磺酸钠。磺酸盐型表面活性剂去污力强、泡沫力好，在酸、碱和某些氧化剂溶液中能稳定存在，易喷雾干燥成型，是优良的洗涤剂和泡沫剂。

2. 阳离子型表面活性剂　几乎所有的阳离子型表面活性剂都是含氮化合物，即有机胺的衍生物。其表面活性是由带正电荷的表面活性离子显现。其主要有脂肪胺盐型表面活性剂、季铵盐型表面活性剂、烷基吡啶翁型表面活性剂。

（1）脂肪胺盐型表面活性剂：脂肪胺盐型表面活性剂包括伯胺、仲胺和叔胺与酸的反应产物，常见的胺盐为 RNH_2HX，X 为 Cl^-、Br^-、I^-、CH_3COO^-、NO_3^- 等。脂肪胺盐型表面活性剂是弱碱盐，只在酸性条件下具有表面活性，可用作乳化剂、分散剂、润湿剂和浮选剂。

（2）季铵盐型表面活性剂：季铵盐型表面活性剂是含有 $RN^+(CH_3)_3X^-$ 结构的物质。这类表面活性剂具有很强的消毒、杀菌作用，在酸性、碱性或中性溶液中都非常稳定，是阳离子型表面活性剂中产量最大的一类。

3. 两性型离子表面活性剂　两性型表面活性剂分子中带有两个亲水基团，一个带正电，一个带负电。正电性基团主要是氨基或季铵基等含氮基团，或由硫和磷取代氮的位置。负电性基团主要是羧基、磺酸基或磷酸基。甜菜碱类、卵磷脂类、咪唑啉类、氨基丙酸类（$RN^+H_2CH_2CH_2COO^-$）四类是重要的两性型表面活性剂。它们具有抗静电、柔软、杀菌和调理等作用，尤其是咪唑衍生物和甜菜碱衍生物更有实用价值，具有刺激性低、耐硬水力强、水溶性好等优点。

（1）咪唑啉型两性表面活性剂：咪唑啉型两性表面活性剂是指分子中含有脂肪烃咪唑

啉基团的表面活性剂。它是两性表面活性剂中产量最大、种类最多、应用最广泛的一类，包括羧基咪唑啉型、磺酸咪唑啉型、磷酸咪唑啉型和含氟咪唑啉型四类。

（2）甜菜碱型两性表面活性剂：甜菜碱型两性表面活性剂是指分子中构成阳离子部分的是季铵盐的化合物，如（CH_3）$_3N^+CH_2COO^-$。其最初是从甜菜中提取出来的天然含氮化合物。甜菜碱型两性表面活性剂最大的特点是在酸性、碱性或中性溶液中都能溶解，即使是在等电点时也没有沉淀。磺基甜菜碱可提高产品的润湿、起泡和去污能力，当与阴离子型表面活性剂混合使用时，可显著降低对皮肤的刺激性。甜菜碱型两性表面活性剂还可用作杀菌消毒剂、织物干洗剂、胶卷助剂、过氧化氢稳定剂、抗静电剂和采油助剂。

（3）氨基酸型两性表面活性剂：氨基酸中氨基上的氢原子被长链烃基取代就成为具有表面活性的氨基酸型两性表面活性剂。根据取代基的不同，有羧酸型和磺酸型。氨基酸型两性表面活性剂在强碱溶液中，仍是一种良好的乳化剂、泡沫剂和去污剂。

（二）非离子型表面活性剂

非离子型表面活性剂是指在水中不能离解成离子状态的表面活性剂。其亲水基主要是多元醇、乙醇胺、聚乙二醇等片段。其在水溶液中不电离，而是以分子或胶束状态存在于溶液中。其极性基不带电，并且不受强电解质、强酸、强碱的影响，稳定性高，相溶性好。

非离子型表面活性剂产量大，仅次于阴离子型表面活性剂。这类表面活性剂在洗涤用品中经常使用，常和离子型表面活性剂复配使用，主要用作发泡剂、稳泡剂、乳化剂、增溶剂和调理剂等。当作为一种主要成分和阴离子表面活性剂配合使用时，即使加入量很少，也能大大增加体系的去污能力。

1. 聚氧乙烯型表面活性剂 这类表面活性剂以氧乙烯基片段（EO）与含有活泼氢原子的化合物结合。连接的 EO 越多，水溶性越好，当 EO 数目较多时，整个分子就变成水溶性的。合成时，根据需要调节 EO 数目，可得到从油溶性到水溶性各种规格的非离子型表面活性剂，用途极为广泛。

（1）脂肪醇聚氧乙烯醚型：脂肪醇聚氧乙烯醚分子中，R 为 $C_8 \sim C_{18}$，$n=1 \sim 45$，一般采用长链脂肪醇和环氧乙烷在氢氧化钠催化下直接缩合而成。长链脂肪醇常采用椰子油还原醇、月桂醇、鲸蜡醇（十六醇）、油醇等。脂肪醇聚氧乙烯醚这类表面活性剂稳定性较高，生物降解性和水溶性均较好，并且有良好的润湿性能。

（2）烷基酚聚氧乙烯醚：烷基酚聚氧乙烯醚（APEO），通式为 RArO（CH_2CH_2O）$_nH$，烷基 R 一般为辛基或壬基，聚合度 n 为 $1 \sim 15$，Ar 为苯酚、甲酚或萘酚。这类表面活性剂性质非常稳定，可在酸、碱和较高温时存在，但毒性较大，不易生物降解，常用于工业产品。烷基酚聚氧乙烯醚常见的有 OP 和 TX 两个系列。

OP-10 表面活性剂：OP-10 又称匀染剂 OP 或乳化剂 OP，化学名称为十二烷基酚聚氧乙烯醚。乳化剂 OP 耐酸、耐碱、耐硬水、耐氧化剂和还原剂，对盐也比较稳定，具有助溶、乳化、润湿、扩散和洁净等作用。

TX-10 表面活性剂：TX-10 又称匀染剂 TX-10，化学名称为辛基酚聚氧乙烯醚-10。TX-10具有较好的去污、润湿和乳化作用，还有较好的匀染和抗静电性能。

（3）脂肪酸聚氧乙烯醚：脂肪酸聚氧乙烯醚表面活性剂，分子中含有酯基，在酸、碱性热溶液中易水解，不如亲油基与亲水基以醚键结合的表面活性剂稳定。此种表面活性剂的起泡性、渗透性和洗涤能力都较差，但具有较好的乳化性和分散性，主要用作乳化剂、分散剂、纤维油剂及染色助剂等。

（4）脂肪胺聚氧乙烯醚：环氧乙烷与烷基胺起加成反应，能生成两种不同的脂肪胺聚氧乙烯醚反应产物。这类非离子表面活性剂与其他非离子表面活性剂相比，具有非离子和阳离子两者的性质，如耐酸不耐碱、有一定的杀菌性等。当氧乙烯基片段的数目较大时，非离子性增加，在碱性溶液中不再析出，表面活性不受破坏。由于非离子性增加阳离子性减少，可与阴离子型表面活性剂混合使用。

2. 多元醇型表面活性剂　多元醇型表面活性剂是由多元醇与脂肪酸进行部分酯化制备得到的。其亲水性是由部分未酯化的游离羟基提供的。其类型主要有蔗糖、山梨糖醇、甘油醇的衍生物，以及聚氧乙烯、聚氧丙烯生成的聚合型表面活性剂及烷基多苷类表面活性剂。这类表面活性剂的亲水性比较差，其中大多是油溶性的。为提高其亲水性，将多元醇部分酯环氧乙烷化，生成的化合物也是一类非离子表面活性剂。

多元醇表面活性剂具有低毒、无刺激等特性，被广泛应用于食品、化妆品和医药工业中。主要有司盘型和吐温型两个系列。

（1）司盘（span）型：司盘型表面活性剂是山梨醇酐和各种脂肪酸形成的酯。不同的脂肪酸决定了不同的商品牌号，如司盘-20 是失水山梨醇（山梨醇酐）和月桂酸生成的酯，司盘-40 是失水山梨醇与棕榈酸生成的酯，司盘-60 是失水山梨醇与单硬脂酸生成的酯，司盘-65 是失水山梨醇与三硬脂酸生成的酯，司盘-80 是失水山梨醇与单油酸生成的酯，司盘-85 是失水山梨醇与三油酸生成的酯。这类表面活性剂都是油溶性的，HLB 在 1.8～3.8，因其亲油性较强，一般用作水/油乳剂的乳化剂。

（2）吐温（tween）型：吐温型表面活性剂是指聚氧乙烯去水山梨醇的部分脂肪酸酯。司盘型表面活性剂不溶于水，如欲使其水溶，可在未酯化的羟基上接聚氧乙烯基片段，从而成为相应的吐温型。这类表面活性剂较司盘型亲水性大大增加，为水溶性表面活性剂，可用作增溶剂、乳化剂、分散剂和润湿剂。

3. 聚醚型表面活性剂　这是一类由环氧乙烷和环氧丙烷生成的嵌段聚合物。其亲油基是聚氧丙烯基，亲水基是聚氧乙烯基。亲水、亲油部分的大小，可以通过调节聚氧丙烯和聚氧乙烯比例加以控制。这类产品，因起始剂的种类、环氧化合物聚合顺序及聚合物的相对分子质量不同，产品品种繁多，按其聚合方式可分为整嵌、杂嵌、全嵌三种类型。

整嵌型聚醚是在指起始剂上先加成一种环氧化合物，然后再加成另一种环氧化合物得到的产物。杂嵌型聚醚有两种：一种是起始剂上先加上一种环氧化合物，然后再加成两种或多种环氧化合物混合物得到的产品；另一种是在起始剂上先加成混合的环氧化物，然后再加成单一的环氧化物所得的产物。全嵌型聚醚是指在起始剂上先加成一定比例的两种或多种环氧化合物的混合物，然后再加上比例不同的同种混合物或比例不变而环氧化物不同的混合物制得的产物。

聚醚中很多品种在低浓度时即有降低表面张力的能力，是许多O/W、W/O体系的有效乳化剂。聚醚有良好的钙皂分散作用，浓度很稀时即可防止硬水中钙皂沉淀。聚醚有较好的增溶作用，且无毒、无臭、无味、无刺激性。

二、特种表面活性剂

表面活性剂按其组成、来源和功能的特殊性分类，分为普通表面活性剂和特殊表面活性剂。特殊表面活性剂分为元素表面活性剂、高分子表面活性剂、生物表面活性剂、冠醚型表面活性剂、双子型表面活性剂、流星锤型表面活性剂和环糊精型表面活性剂等。这些表面活性剂因其结构特别，常表现出特殊的表面活性。

（一）元素表面活性剂

普通表面活性剂的亲油基一般为碳氢链，称为碳氢表面活性剂。碳氢表面活性剂的氢原子的一个或全部被氟、硅、硼、磷等元素取代，则称为元素表面活性剂。元素表面活性剂，特别是碳氟表面活性剂，具有其他表面活性剂所不具备的很多特殊性能。

1. 碳氟表面活性剂 碳氢表面活性剂分子中的氢原子部分或全部被氟原子所取代，就成为碳氟表面活性剂，简称氟表面活性剂。与烃类表面活性剂一样，碳氟表面活性剂也有阴离子、阳离子、非离子及两性型等多种类型。在碳氟表面活性剂中，RF 为一个既憎水又憎油的全碳氟链，可以根据需要改变其结构和长度。

碳氟表面活性剂具有很好的化学稳定性和热稳定性。这是由于 C—F 键能高，直链全氟烷烃的分子骨架是一条锯齿形碳链，四周被氟原子所包围，氟原子的半径比氢原子的半径稍大，可有效地将 C—C 链保护起来，即使最小的原子也难以楔入，并且由于氟原子的电负性远远大于碳，使 C—F 键具有较强的极性，其共用电子对强烈偏向氟原子，使氟原子带有多余负电荷，形成一种负电荷保护层，而使带负电的亲核试剂很难接近碳原子，从而形成氟原子对 C—C 链的有效屏蔽作用，使碳氟表面活性剂有极好的热稳定性，以及在强酸、强碱中具有优良的化学稳定性。常见碳氟表面活性剂可在 300℃以上的高温下使用而不发生分解，如 $C_9F_{17}OC_6H_4SO_3K$ 的分解温度在 335℃以上，使用温度可在 300℃左右。因此，即使在某些极端环境下，碳氟表面活性剂所表现出的性能仍是其他类型表面活性剂无可比拟的。

碳氟表面活性剂同时具有憎水性和憎油性。由于碳氟化合物分子间的范德华力小，碳氟表面活性剂在水溶液中自内部移至表面，比碳氢化合物所需的张力要小，从而导致强烈的表面吸附和很低的表面张力。也正由于碳氟链的范德华力小，它不仅与水的亲和力小，而且与碳氢化合物的亲和力也小，因此形成了既憎水又憎油的特性。利用它的这种憎水、憎油性质处理固体表面，可使固体表面抗水、抗黏、防污、防尘。例如，聚四氟乙烯材料，其表面上不仅水不能铺展，碳氢油也不能铺展，不仅如此，多种物质在这种表面上都不易附着，大大减少了污染。

然而碳氟表面活性剂也有其弱点，如降低碳氢油/水的界面张力的能力不佳，某些品种在室温下的溶解度很小，其溶解度超过临界胶束浓度的温度 Krafft 点很高。通过将碳氟表面活性剂与碳氢表面活性剂复配、选取合适的盐类及疏水结构，可克服这些缺点。

新型碳氟表面活性剂有混杂型碳氟表面活性剂、低聚物型碳氟表面活性剂和无亲水基碳氟表面活性剂等几种。

2. 碳硅表面活性剂 碳硅表面活性剂是指由聚二甲基硅氧烷和亲水基组成的物质。它是在聚二甲基硅氧烷为疏水主链，中间位或端位连接一个或多个有机硅极性基团而构成的一类表面活性剂。由于 Si—C 键较长，甲基上的氢能展开，碳硅表面活性剂具有很好的疏水性。此外，还具有无机物二氧化硅的耐低温性、耐候性，且具有无毒、无腐蚀和生理惰性等优异性能。

碳硅表面活性剂按其亲水基的化学性质可分为非离子型、阴离子型、阳离子型和两性型表面活性剂四大类。按其亲水基在主链上的位置，又可分为侧链型（亲水基悬挂在主链上）和嵌段型（亲水基与疏水基都处于主链上）。按其疏水基与亲水基连接基团不同还可分为硅-碳链-亲水基型和硅-氧-碳链-亲水基型。不同化学结构的碳硅表面活性剂其性质及应用领域会有所区别。

碳硅表面活性剂具有优良的润湿性、消泡性、稳泡性、生理惰性、乳化作用大和配伍性能好等特性。新型的碳硅表面活性剂有有机硅改性聚乙烯醇型高分子表面活性剂、聚醚型硅氧烷表面活性剂、以糖类为亲水基的硅氧烷表面活性剂等几种。

3. 磷酸酯型表面活性剂　磷酸酯型表面活性剂是由高级醇或聚氧乙烯化的高级醇与磷酸化试剂反应，再用碱中和而得到的产物，可分为单酯、双酯和三酯等三种。磷酸酯型表面活性剂的结构类似于天然磷脂，从而有利于模拟生物体内环境，强亲油性尾链可调节整个分子的油溶性，既可分散磷酸头部的净电荷，又可克服因表面活性剂与蛋白质的过强作用而难以分离的不良缺陷。磷酸酯盐型表面活性剂抗静电好、生物降解性好，广泛用于配制合成纤维油剂、染色助剂和抗静电剂。

磷酸酯表面活性剂是近年来研究和应用发展较快的一种功能优良的新型阴离子表面活性剂。它们具有以下优良特性：①低毒性；②低刺激性，特别是其盐类同其他活性剂相比有显著的低刺激性；③显著的可生物降解性；④与其他表面活性剂配伍时的良好互溶性；⑤与水的宽范围溶解性；⑥良好的耐酸、耐碱及耐电解质性；⑦良好的耐温性；⑧较低的表面张力和较好的水润湿性；⑨对化纤织物的突出抗静电性；⑩对金属表面的专门润滑性。

4. 硼酸酯型表面活性剂　硼酸酯型表面活性剂的亲水基团是四配位硼氧螺环负离子，结构稳定。因而它的沸点高，不挥发，高温下极稳定，无毒，无腐蚀性且具有阻燃性。因此，它们具有一般表面活性剂无法替代的优点，可用作气体干燥剂、润滑油、抗静电剂、分散剂和乳化剂等。

硼酸酯型表面活性剂随结构不同，可分别形成硼酸单酯、双酯、三酯和四配位硼螺环结构。例如，甘油酯类硼酸酯型表面活性剂，主要包括单甘酯类和双甘酯类。合成含硼特种表面活性剂时所采用的化合物一般为硼酸，其结构单元是平面三角形，每个硼原子以 sp^2 杂化与氧原子结合，此时硼仍是缺电子原子，易与有机化合物中的羟基发生配位反应，经脱水后形成硼酸酯。通过甘油和硼酸不同配比的反应，可分别生成中间体单甘酯和双甘酯。

（二）高分子表面活性剂

高分子表面活性剂，通常指相对分子质量在 $10^3 \sim 10^6$、具有表面活性的物质。广义上，凡是能够减小两相界面张力的大分子物质皆可称为高分子表面活性剂。与低分子表面活性剂相比，高分子表面活性剂具有以下特点：①具有较高的相对分子质量，可形成单分子胶束或多分子胶束；②溶液黏度高，成膜性好；③具有很好的分散、乳化、增稠、稳定及絮凝等性能；④渗透能力差，起泡性差，常作消泡剂；⑤大多数高分子表面活性剂是低毒或无毒的，具有环境友好性；⑥降低表面张力能力较弱，且表面活性随相对分子质量的升高急剧下降，当疏水基上引入氟烷基或硅烷基时其降低表面张力的能力显著增强。

高分子表面活性剂，按亲水基的性质可分为阴离子型、阳离子型、两性离子型和非离子型四类；按其来源可分为天然、半合成和合成三类。天然高分子表面活性剂如各种淀粉、树胶及多糖等；半合成高分子表面活性剂如改性淀粉、纤维素、蛋白质和壳聚糖等；合成高分子表面活性剂如聚丙烯酰胺、聚丙烯酸和聚苯乙烯-丙烯酸共聚物等。

1. 天然高分子表面活性剂　最早使用的高分子表面活性剂有淀粉、纤维素及其衍生物等天然水溶性高分子化合物，它们虽然具有一定的乳化和分散能力，但由于有较多的亲水性基团，故其表面活性较低。天然高分子表面活性剂是从动植物分离、精制或经过化学改性而制得的水溶性高分子，其种类较多，有纤维素类、淀粉类、腐植酸类、木质素类、聚酚类、单宁和栲胶、植物胶和生物聚合物等。

　　2. 合成高分子表面活性剂　　合成高分子表面活性剂是指亲水性单体均聚或与憎水性单体共聚而成，或通过合成高分子化合物改性而制得。合成第一种高分子表面活性剂——聚1-十二烷基-4-乙烯吡啶溴化物并命名为聚皂（polysoap），第一种商品化高分子表面活性剂——聚氧乙烯-聚氧丙烯嵌段共聚物（商品名pluronics）在20世纪50年代初问世，此后各种合成高分子表面活性剂相继开发并应用于各种领域。根据单体的种类、合成方法、反应条件和共聚物组成等的不同，可以得到各种各样的高分子表面活性剂。

（三）生物表面活性剂

　　由细菌、酵母和真菌等多种微生物产生的具有表面活性剂特征的物质称作生物表面活性剂。例如，将微生物在一定条件下培养时，会分泌产生一些具有一定表面活性的代谢产物，如糖脂、多糖脂、肽脂或中性类脂衍生物等。它们具有与一般表面活性剂类似的两亲性结构，其非极性基大多为脂肪酸链或烃链，极性部分多种多样，如糖、多糖、肽及多元醇等，也能吸附于界面、改变界面的性质。

　　这种由生物体系代谢产生的两亲化合物有两类：一类是一些低分子质量的小分子，它们能显著降低空气/水或油/水界面张力；另一类是一些生物大分子，它们降低界面张力的能力比较差，但它们对油/水界面表现出很强的亲和力，能够吸附在分散的油滴表面，防止油滴凝聚，从而使乳状液得以稳定。生物表面活性剂具有等于或优于化学合成表面活性剂的理化特性。

　　生物表面活性剂第二种分类方法是将其分为糖脂系生物表面活性剂、酰基缩氨酸系生物表面活性剂、磷脂系生物表面活性剂、脂肪酸系生物表面活性剂和高分子生物表面活性剂五类。

（四）冠醚型表面活性剂

　　冠醚是以多个醚键结合成大环作为亲水基的一类非离子表面活性剂，具有非常独特的性质。依据冠醚环的大小可与不同离子半径的金属离子结合，形成可溶于有机相的络合物。根据聚氧化乙烯数的多少，冠醚常分为四冠、六冠、八冠等。

　　冠醚类表面活性剂最主要的特点，即其极性基与某些金属离子能形成络合物。形成络合物之后，此类化合物实际上即自非离子表面活性剂转变为离子表面活性剂（在大环中"隐藏"了金属离子，成为一个整体），而且易溶于有机溶剂中，故大环化合物可用作相转移催化剂。

（五）双子型表面活性剂

　　双子型表面活性剂（Gemini surfactant或Geminis），又名孪连型表面活性剂，是一类带有两个疏水链、两个亲水基团和一个桥联基团的化合物。类似于两个普通表面活性剂分子通过一个桥梁联结在一起，分子的形状如同"连体的孪生婴儿"。双子型表面活性剂具有很高的表面活性，其水溶液具有特殊的相行为和流变性，而且其形成的分子有序组合体具有一些特殊的性质和功能。

双子型表面活性剂的结构类型非常多，其中阳离子 Geminis 已有季铵盐型、吡啶盐型、胍基型等；阴离子型 Geminis 有磷酸盐型、硫酸盐型、磺酸盐型及羧酸盐型等；非离子型 Geminis 有聚氧乙烯型和糖基型等，其中糖基既有直链型的，又有环型的。从疏水链来看，由最初的等长的饱和碳氢链型，出现了碳氟链部分取代碳氢链型、不饱和碳氢链型、醚基型、酯基型和芳香型，以及两个碳链不等长的不对称型。

Geminis 的联结基团的变化最为丰富，联结基团的变化导致了 Geminis 性质的丰富变化。它可以是疏水的，也可以是亲水的；可以很长，也可以很短；可以是柔性的，也可以是刚性的，前者包括较短的碳氢链、亚二甲苯基、对二苯代乙烯基等，后者包括较长的碳氢链、聚氧乙烯链、杂原子等。从反离子来说，多数阳离子型 Geminis 以溴离子为反离子，但也有以氯离子为反离子的，也有以手性基团（酒石酸根、糖基）为反离子的，还有以长链羧酸根为反离子的。近年来又出现了多头尾型 Geminis。

（六）流星锤型表面活性剂

流星锤型表面活性剂（Bola surfactant 或 Bola）是一个疏水部分连接两个亲水部分构成的两亲化合物。基于分子形态来划分，常见的 Bola 化合物有单链型、双链型和半环型。

Bola 化合物的性质随疏水基和极性基的性质而有所不同。极性基既有离子型，也有非离子型。疏水基既有直链饱和碳氢或碳氟基团，也有不饱和的、带分枝的或带有芳香环的基团。十二烷基二硫酸钠就是一个典型的 Bola 化合物。

由于 Bola 化合物具有两个亲水基，表面吸附分子在溶液表面将采取 U 形构象，即两个亲水基伸入水中，弯曲的疏水链伸向气相。构成溶液表面吸附层的最外层是亚甲基；而亚甲基降低水的表面张力的能力弱于甲基，因此，Bola 化合物降低水表面张力的能力较差。

Bola 化合物形成的胶束有多种形态。当 Bola 化合物形成球形胶束时，在胶束中可能采取折叠构象，也可能采取伸展构象。一些碳链较长的 Bola 分子在胶束中可能采取折叠构象。除了球形胶束，有些 Bola 化合物还可以形成棒状胶束。Bola 两亲化合物分子因为具有中部是疏水基、两端为亲水基团的特殊结构，在水中做伸展的平行排列，即可形成以亲水基包裹疏水基的单分子层聚集体，称为单层类脂膜。

（七）环糊精型表面活性剂

环糊精，简称 CD，是 D-吡喃葡萄糖通过 α-1，4-糖苷键结合形成的环状分子。通常环中含有 6～12 个吡喃葡萄糖单元，按其单元数为 6、7、8、9，分别称为 α-、β-、γ-、δ-环糊精。在各类环糊精中，β-环糊精应用最广。

环糊精分子在环状结构的中央形成桶状的空穴，葡萄糖基本单元中的疏水基集中在空穴内部，因此环糊精内部空穴是疏水的。而环糊精分子中羟基等亲水基则分布在环状结构的外侧，使环糊精具有一定的亲水性，易于分散到水中。

环糊精表面活性较差，但若对环糊精进行结构修饰，可得到具有良好表面活性的环糊精衍生物。将烷基和硫酸酯基接枝到 β-环糊精分子中形成新型表面活性剂，此方法把环糊精这种天然产物变成一种在圆筒结构两端分别连有多个疏水基和多个亲水基的表面活性剂。

第三节　表面活性剂的来源

表面活性剂有三大来源，分别为化学合成、生物合成和从天然物中提取。

一、化学合成表面活性剂

化学合成表面活性剂又称合成表面活性剂。它是指以石油、天然气为原料，通过化学方法合成制备的表面活性剂。不同类型的表面活性剂有不同的合成方法。下面以几种表面活性剂为例，说明合成原理。

（一）甜菜碱型两性表面活性剂的合成

1. 羧酸基甜菜碱型　甜菜碱型两性表面活性剂最早是从甜菜碱得到的，工业上是采用烷基二甲基叔胺与卤代乙酸盐进行反应制得。反应式如下：

$$RN(CH_3)_2 + ClCH_2CONa \xrightarrow[60\sim80℃]{-H_2O} R-\overset{CH_3}{\underset{CH_3}{N^+}}-CH_2COO^- + NaCl$$

2. 磺酸基甜菜碱　最典型的磺酸基甜菜碱为

$$R-\overset{CH_3}{\underset{CH_3}{N^+}}-CH_2CH_2SO_3^-$$

它可由叔胺与烯丙基氯反应，再用亚硫酸氢钠引入磺酸基。反应式如下：

$$R-\overset{CH_3}{\underset{CH_3}{N}} + ClCH_2CH=CH_2 \longrightarrow [R-\overset{CH_3}{\underset{CH_3}{N^+}}-CH_2CH=CH_2]Cl^-$$

$$[R-\overset{CH_3}{\underset{CH_3}{N^+}}-CH_2CH=CH_2]Cl^- + NaHSO_3 \longrightarrow R-\overset{CH_3}{\underset{CH_3}{N^+}}-CH_2CH_2CH_2SO_3^- + NaCl$$

含有羟基的磺酸基甜菜碱比一般的磺酸基甜菜碱的水溶性好，但其异构体较多，不易分离制得纯物质。采用 3-氯-2-羟基丙磺酸钠与烷基叔胺进行季铵化反应，可制得纯度较高的含羟基的磺酸基甜菜碱。反应式如下：

$$RH_2C-\overset{CH_3}{\underset{CH_3}{N}} + \underset{Cl\ OH}{CH_2CHCH_2SO_3Na} \longrightarrow RH_2C-\overset{CH_3}{\underset{CH_3}{N^+}}-\underset{OH}{CH_2CHCH_2SO_3^-}$$

3. 硫酸基甜菜碱　对于硫酸基甜菜碱，可以由叔胺与氯醇等化合物反应，引入羟基，然后再进行酯化。反应式如下：

$$R-\overset{CH_3}{\underset{CH_3}{N}} + Cl(CH_2)_nOH \longrightarrow [R-\overset{CH_3}{\underset{CH_3}{N^+}}-(CH_2)_nOH]Cl^- \xrightarrow[NaOH]{HSO_3Cl} [R-\overset{CH_3}{\underset{CH_3}{N^+}}-(CH_2)_nO]SO_3^-$$

甜菜碱两性表面活性剂的合成，在一定程度上和季铵盐类阳离子表面活性剂的合成相似，其合成路线和方法也可借鉴。

（二）氨基羧酸类表面活性剂的合成

氨基酸表面活性剂的合成始于 N-酰基谷氨酸，其合成方法有丙烯酸甲酯法、丙烯腈法和丙内酯法等。

1. 丙烯酸甲酯法　采用等摩尔的十二胺和丙烯酸甲酯反应，然后再用等摩尔的氢氧化钠水解，即可制得 N-十二烷基-β-氨基丙酸钠。反应式如下：

$$C_{12}H_{25}NH_2 \ + \ CH_2=CHCOCH_3 \xrightarrow{25\sim30℃} C_{12}H_{25}NHCH_2CH_2COCH_3$$

$$\downarrow NaOH$$

$$C_{12}H_{25}NHCH_2CH_2CONa \ + \ CH_3OH$$

当十二胺与丙烯酸甲酯的摩尔比为 1：2 时水解产物即为二羧酸盐。

$$C_{12}H_{25}N \begin{array}{c} C_{12}H_{24}CH_2CH_2CONa \\ C_{12}H_{24}CH_2CH_2CONa \end{array}$$

根据所用脂肪胺的碳链长度不同、亲水基部分的氨基和羧酸基数及所在位置不同，可以制备出各种氨基酸型两性表面活性剂。

2. 丙烯腈法　用丙烯腈代替丙烯酸甲酯，成本可以降低。反应式如下：

$$C_{12}H_{25}NH_2 \ + \ CH_2=CNCH \longrightarrow C_{12}H_{25}NHCH_2CH_2CN$$

$$\xrightarrow[\text{水解}]{NaOH}$$

$$C_{12}H_{25}NHCH_2CH_2CONa \ + \ NH_3$$

3. 丙内酯法　伯胺与仲胺等脂肪胺和 β-正丙基酯反应，可以得到一种属于 β-氨基丙酸系两性表面活性剂。反应式如下：

$$\text{[丙内酯]} + RNH_2 \longrightarrow HOCH_2CH_2CONHR \ + \ HOOCCH_2CH_2NHR$$

（三）氨基磺酸型表面活性剂的合成

这类两性表面活性剂中最早合成的是 N-烷基-N-乙磺酸的衍生物。它由伯胺和溴乙基磺酸钠反应而得。反应式如下：

$$RNH_2 + BrCH_2CH_2SO_3Na \longrightarrow RNH-CH_2CH_2SO_3H$$

脂肪胺（伯胺）和 1，3-丙基亚磺酸内酯反应也可制备氨基磺酸。反应式如下：

$$RNH_2 + \text{[丙基亚磺酸内酯]} SO_2 \longrightarrow RNHCH_2CH_2SO_3H$$

用 *N*-烷基氨丙基磺酸盐与 1,3-丙基亚磺酸内酯反应得到二元磺酸的衍生物。反应式如下：

$$RNHCH_2CH_2CH_2SO_3Na + \underset{O}{\overset{}{\bigcirc}}SO_2 \xrightarrow{NaOCH_3} R-N\begin{cases}CH_2CH_2CH_2SO_3Na\\CH_2CH_2CH_2SO_3Na\end{cases}$$

另一种氨基磺酸系两性表面活性剂具有多功能基团，它由卤代丁二酸二酯和氨乙基磺酸钠。反应式如下：

$$ROCCHCH_2COR + NH_2CH_2CH_2SO_3Na \longrightarrow ROCCHCH_2COR$$

氨基磺酸系两性表面活性剂可以用 *N,N*-二（β-羟乙基）烷基胺和羟乙基磺酸钠（或溴乙基磺酸钠）反应制得。反应式如下：

$$R-N\begin{cases}C_2H_4OH\\C_2H_4OH\end{cases} + HOC_2H_4SO_3Na \xrightarrow[Na]{200\sim210℃} R-N\begin{cases}C_2H_4OC_2H_4SO_3Na\\C_2H_4OH\end{cases}$$

卤代烷如氯代十六烷与 2,4-二磺酸盐苯胺反应可以制备氨基磺酸两性离子表面活性剂。

（四）聚氧乙烯醚磷酸酯表面活性剂的合成

用非离子表面活性剂和磷酸化试剂为原料反应，再经中和制得。非离子表面活性剂一般为脂肪酸聚氧乙烯醚、烷基酚聚氧乙烯醚（TX-10）、脂肪酸聚乙醇等，磷化剂一般为五氧化二磷、三氯氧磷。

1. 磷酸酯型表面活性剂 利用 $POCl_3$ 磷化反应，合成方法是在搅拌下将 $POCl_3$ 加到非离子活性物中，抽真空脱去产生的氯化氢。反应式如下：

$$POCl_3 + 3RO(CH_2CH_2O)_nH \longrightarrow [RO(CH_2CH_2O)_n]_3PO + 3HCl$$

产物主要是三酯。

2. 双链磷酸酯型表面活性剂 反应式如下：

$$R=-(CH_2)_7CH=CH(CH_2)_7-CH_3$$

（五）聚氧乙烯醚型表面活性剂合成

1. 脂肪酸聚氧乙烯醚合成 脂肪酸聚氧乙烯醚表面活性剂，分子中含有酯基，在酸、碱性热溶液中易水解，不如亲油基与亲水基以醚键结合的表面活性剂。此种表面活性剂的起泡、渗透和洗涤能力都较差，但具有较好的乳化性和分散性，主要用作乳化剂、分散剂、纤维油剂及染色助剂等。反应式如下：

$$RCOOH + HO-H_2C(C_2H_4O)_nCH_2OH \xrightarrow{NaOH} RCOO(C_2H_4O)_nH + H_2O$$

$$RCOO(C_2H_4)_nH + ROOC(C_2H_4O)_nH \rightleftharpoons RCOO(C_2H_4O)_nOCH_2R + HO(C_2H_4O)_nH$$

2. 脂肪胺聚氧乙烯醚合成　环氧乙烷与烷基胺起加成反应，能生成 2 种反应产物。反应式如下：

$$R—NH_2 + n \triangle O \longrightarrow R—\underset{H}{N}—CH_2CH_2\!\!-\!\!\left(C_2H_4O\right)_{\!n-2}\!\!-\!\!OCH_2CH_2OH$$

$$R—NH_2 + 2n \triangle O \longrightarrow R—N\!\!\begin{array}{l} CH_2CH_2\!\!-\!\!\left(C_2H_4O\right)_{n-2}\!\!-\!\!OCH_2CH_2OH \\ CH_2CH_2\!\!-\!\!\left(C_2H_4O\right)_{n-2}\!\!-\!\!OCH_2CH_2OH \end{array}$$

其中，$R = C_{12} \sim C_{18}$。

（六）烷基酚聚氧乙烯醚合成

1. OP-10 表面活性剂合成　OP-10 又称匀染剂 OP 或乳化剂 OP，化学名称为十二烷基酚聚氧乙烯醚。十二烷基酚与环氧乙烷在氢氧化钠催化下，发生开环聚合，就生成十二烷基酚聚氧乙烯醚，即 OP-10。反应式如下：

$$C_{12}H_{25}\!\!-\!\!\bigcirc\!\!-\!\!OH + 10 \triangle O \xrightarrow{\text{NaOH}} C_{12}H_{25}\!\!-\!\!\bigcirc\!\!-\!\!O(CH_2CH_2O)_{10}H$$

2. TX-10 表面活性剂合成　辛醇与苯酚，用酸性白土作催化剂，反应生成辛基苯酚。辛基苯酚再与环氧乙烷在氢氧化钠催化下，发生开环聚合，生成辛基酚聚氧乙烯醚-10，即 TX-10。反应式如下：

$$C_8H_{17}OH + \bigcirc\!\!-\!\!OH \longrightarrow C_8H_{17}\!\!-\!\!\bigcirc\!\!-\!\!OH$$

$$C_8H_{17}\!\!-\!\!\bigcirc\!\!-\!\!OH + 10 \triangle O \longrightarrow C_8H_{17}\!\!-\!\!\bigcirc\!\!-\!\!O(CH_2CH_2O)_{10}H$$

二、生物合成表面活性剂

采用微生物制取生物表面活性剂可以得到许多难以用化学方法合成的产物，在结构中可引进新的化学基团，而制得的产物易于被生物完全降解，无毒性，在生态学上是安全的。生物表面活性剂主要通过微生物方法来生产。

（一）发酵法生产生物表面活性剂

微生物发酵法合成生物表面活性剂是一种在细胞内进行代谢活动的多酶联合催化的生物转化过程，因此能够合成分子结构较为复杂的生物表面活性剂。通过微生物发酵生产的表面活性剂有四种方法：生长细胞法、代谢控制的细胞生长法、休止细胞法和加入前体法。大多数生物表面活性剂是由细菌合成的，有些酵母、真菌也能合成某些表面活性剂。

生物表面活性剂几乎都可以由发酵法获得。

（1）不动杆菌和微球菌可生产甘油单酯，棒杆菌可生产甘油双酯，固氮菌、产碱菌和假单胞苗可生产聚-β-羟基丁酸。

与化学合成表面活性剂相比，生物表面活性剂具有选择性好、用量少、无毒、能够被生物完全降解、不对环境造成污染、可用微生物方法引入化学方法难以合成的新化学基团等特点。

有些生物表面活性剂还具有某些特殊性质。如近来发现，肺蛋白和类脂结合生成的表面活性剂可纯化肺蛋白，改善肺泡中的气体交换。

（2）产磷脂的菌属很多，如假丝酵母、棒杆菌、微球菌、不动杆菌、硫杆菌及曲霉等，棒杆菌和节杆菌等还能直接产生脂肪酸。

（3）糖脂是发酵法生产生物表面活性剂的一个大品种。红球菌、节杆菌、分枝杆菌和棒杆菌可生产不同结构的海藻糖棒杆霉菌酸酯，分枝杆菌可生产海藻糖脂；假丝酵母会产生鼠李糖脂、槐糖脂，球拟酵母也产生槐糖脂；黑粉菌生产纤维二糖脂，节杆菌、棒杆菌和红球菌生产葡萄糖脂、果糖脂、蔗糖脂等；红酵母生产多元醇酯，乳杆菌产生二糖基二甘油酯。

（4）脂氨基酸中的典型代表是鸟氨酸脂，可由假单胞菌和硫杆菌产生。鸟氨酸肽和赖氨酸肽由硫杆菌、链霉菌和葡糖杆菌产生，芽孢杆菌则生产短杆菌肽。

（5）脂蛋白质中芽孢杆菌生产枯草溶菌素和多糖菌素，农杆菌和链霉菌生产细胞溶菌素。

（6）聚合型生物表面活性剂是一些更复杂的复合物，不动杆菌、节杆菌、假单胞菌及假丝酵母都可以生产脂杂多糖，节杆菌和假丝酵母还可生产多糖蛋白质复合物；链霉菌生产甘露糖蛋白质复合物，假丝酵母还生产甘露聚糖酯；黑粉菌等生产甘露糖/赤藓糖脂，假单胞菌和德巴利氏酵母生产更加复杂的糖类-蛋白质-脂。

（7）由不动杆菌生产的膜载体是一种特殊性生物表面活性剂，有时由多种微生物产生的全胞也是一种特殊型生物表面活性剂。

用发酵法生产上面这些产物，工艺简单，可与目前生产的一些表面活性剂相竞争。采用休止细胞、固相细胞和代谢调解等手段可使代谢产物的产率大大提高，工艺简单，成本降低，有利于实现生物表面活性剂的工业化生产。以微生物发酵法生产的槐糖苷酯已广泛地应用于各种化妆品，法国素莲丝公司生产的槐糖苷酯基料已用于脸部和全身护肤品的生产。

（二）酶催化合成法生产生物表面活性剂

酶催化合成法又称酶催化或酵素催化作用，指的是由酶作为催化剂进行催化的化学反应。酶催化合成法主要应用于合成一些结构较简单而表面活性较高的生物表面活性剂。酶催化法在常温常压下就能进行，反应产率高，副反应少，后处理过程简单，产物易回收，而且酶在非极性溶剂中或微水条件下仍能很好地发挥其催化作用，这极大地拓展了酶催化法合成生物表面活性剂的应用范围。

酶法合成生物表面活性剂的主要品种有：单甘酯、糖脂、磷脂、烷基糖苷、氨基酸型等表面活性剂。

由假丝酵母、毛霉、青霉、曲霉、紫色杆菌、假单胞菌的脂肪酶、胰脂酶，甚至由枯草生产的一种脂肽 Subtilisin（证实是一种蛋白酶）可生产不同的糖脂，如葡萄糖、果糖、蔗糖、半乳糖、乳糖、甘露糖、纤维二糖、麦芽糖、海藻糖脂等。胰脂酶、紫色杆菌、假单胞菌、根霉、毛霉等可生产山梨醇、失水山梨醇、核糖醇、木糖醇脂等。杏仁 β-葡糖苷酶和曲霉 β-葡糖苷酶能生产糖苷。由毛霉、根霉及假单胞菌脂肪酶生产的含氨基酸类脂有酰基赖氨酸、酰基-β-丙氨酸、酰基谷氨酸、1-O-（氨基酰基）-3-O-肉豆蔻酰甘油、O-酰基高丝氨酸等。

酶催化合成法合成与整胞生物转换（发酵法）两条途径之间存在着一定的基本差异。酶催化合成法本质上属于有机合成，生物酶在反应中充作传统非生物催化剂的生物替代品。整胞生物转换是一个生物合成过程，由代谢活性细胞中多种酶联合起系列连续酶催化作用方可获得目标产物，并经工业发酵过程来实现。因此，由整胞生物转换途径得到的表面活性剂比由其他方法获得的产物结构上更复杂。反之，由体外酶则可经酶催化合成法制得许多预期结构的表面活性剂。尽管其结构简单，却可比照商品表面活性剂结构，通过调节培养底物，经分子设计得到所期望结构或期望理化性质的产品。因此，经由体外酶催化合成法合成或整胞生物转换经发酵生产生物表面活性剂的两条途径具有互补性。

三、天然表面活性剂

从天然物中提取得到的表面活性剂叫天然表面活性剂。由于生物新技术的应用，油脂分离精制技术的发展，植物油脂品种的改良及增产，使得大量获得价格较低的高纯度的天然油脂成为可能。从大豆、豆油、海藻、山茶籽等植物体中提取表面活性剂，从猪脑等动物体中提取表面活性剂，以及从奶制品和蛋制品中提取表面活性剂，已得到了很多性能优异的天然表面活性剂。

下面以从豆油中提取卵磷脂为例，说明从天然物中提取表面活性剂的过程。

国内生产的卵磷脂产品一般是从大豆油、菜籽油等植物油的水化油脚或动物脑及蛋黄中提取得到的，是多种磷脂成分的混合物，除含有磷脂酰胆碱外，还含有磷脂酰乙醇胺（PE，俗称脑磷脂）、肌醇磷脂（PI）、磷脂酸（PA）、丝氨酸磷脂（PS），还包含少量的缩醛磷脂胆碱和溶血磷脂酰胆碱。

（1）卵磷脂的粗提：新鲜大豆油脚用旋转蒸发器进行脱水和丙酮脱油 3～5 次，粉末状粗卵磷脂加入浓度为 85% 的乙醇搅拌 20min，静置取乙醇，反复 3 次减压蒸馏得微黄色蜡状卵磷脂。

（2）卵磷脂的提纯：为了得到纯度高的卵磷脂，必须对得到的粗产品进行提纯精制。提纯精制方法主要有：分级提浓法、柱层析法、超临界流体提取法和膜分离法。

1）分级提浓法：欧美等发达国家目前工业上均用分级提浓法。卵磷脂在醇中的溶解度比脑磷脂和肌醇磷脂高，分级提浓可使卵磷脂含量由 15%～20% 提高到 50%～60%，采用这种方法提纯的磷脂，乳化能力大大提高，黏度也明显下降。

2）超临界流体提取法：此方法多选用 CO_2 作为超临界流体。由于 CO_2 无毒，且具有可低温操作的优点，所以特别适用于卵磷脂这种天然产物的分离。

3）柱层析法和膜分离法：将粗卵磷脂溶于丙酮溶液，加入某种金属离子之后使脑磷脂的沉淀率为 90%，卵磷脂的沉淀率为 7%，从而使卵磷脂达到很高的纯度。柱层析法主要用于实验室提纯，而膜分离法为发展方向。

一方面，卵磷脂分子含有亲脂基和亲水基，是种天然的两性表面活性剂，具有良好的表面活性和乳化作用；另一方面，卵磷脂是构成生物膜的重要成分，在延缓衰老、防治心血管疾病方面具有积极的意义。因此，卵磷脂在食品、医药、饲料、化妆品领域应用十分广泛。此外，卵磷脂还可用于造纸、橡胶、皮革、涂料、磁带、石油等行业，作为润湿剂、乳化剂和分散剂等。

第四节 表面活性剂的性质和功能

一、表面活性剂的性质

表面活性剂的溶液性质源于其亲水-疏水的两亲性分子结构。表面活性剂具有表面吸附并定向、形成胶束并在胶束中定向等两个基本性质。

1. 疏水效应与 HLB 值　亲水性是指表面活性剂对水具有亲合力的性能，疏水性是指表面活性剂对水具有排斥能力的性能。亲水性和疏水性主要取决于表面活性剂的分子组成与结构。

表面活性剂分子中的亲水基通过与水分子之间的电性吸引作用或形成氢键而显示很强的亲和力，亲水基极性越强则表面活性剂水溶性越好。表面活性剂分子的疏水基与水分子亲和力很弱，二者只有范德瓦耳斯力，这种作用力比水分子之间的相互作用弱得多，因而疏水基与水分子不能有效地作用，在宏观上就表现为非极性化合物的水不溶性。疏水基这种与水不亲和性表现为疏水基团彼此靠近、聚集以逃离水环境的现象，称为疏水作用（hydrophobic interaction）或疏水效应（hydrophobic effect）。表面活性剂分子在表面上的吸附及在溶液中自聚即为疏水作用的结果。

根据热力学理论，物质会寻求能量最低的状态。水是极性分子，可在内部形成氢键。而疏水基不是极性基团，它们无法与水分子形成氢键，所以水会对疏水基团产生排斥。因此，不相溶的两相，其界面积趋于最小。

表面活性剂要发挥作用，其亲水-疏水性必须达到一定程度的平衡。若亲水性太强，则水溶性太好，表面活性剂以单体形式存在于水环境中非常有利，就没有动力去进行表面吸附和在溶液中自聚了。若疏水性太强，表面活性剂的溶解性太差，达不到所使用的浓度。特别需要指出的是，根据不同的需要，表面活性剂的亲水-疏水性也有不同要求，可以通过调整分子结构满足。

表面活性剂分子的亲水-疏水性通常用亲水-亲油平衡值（hydrophilic lipophilic balance，HLB）来表示，它是指表面活性剂亲水基的亲水性与亲油基的亲油性的比值。表面活性剂的 HLB 值越高，其亲水性越强；HLB 值越低，其亲油性越强。不同 HLB 值的表面活性剂有不同的用途，如水溶液中增溶剂的 HLB 值最适范围为 15～18 以上，去污剂的 HLB 值为 13～16，O/W 型乳化剂的 HLB 值为 8～16，润湿剂的 HLB 值为 7～9，W/O 型乳化剂的 HLB 值为 3～8，大部分消泡剂的 HLB 值为 0.8～3 等。

2. 表面吸附作用　依据"相似相溶"原理，亲水基团使分子有进入水的趋向，而憎水的碳氢链则竭力阻止其在水中溶解，有逃逸出水相的倾向。两种倾向平衡的结果是表面活性剂在表面富集，亲水基伸向水中，疏水基伸向空气。表面活性剂这种从水相内部迁移至表面，在表面富集的过程叫吸附。表面活性剂吸附的结果是水表面好像被一层非极性的碳氢链覆盖。烷烃分子间的作用力小于水分子间的作用力，也就是烷烃的表面张力低于水的表面张力，当水的表面被碳氢链覆盖后导致水的表面张力下降，这就是表面活性剂降低水的表面张力的原理。

表面活性剂在界面上的吸附一般为单分子层，或称为单分子膜。在低浓度时，表面活性剂在水溶液中主要以单分子或离子状态分散，单分子层中表面活性剂的排列方式及密集程度决定了表面张力的大小，而单分子层中最外部的基团是溶液表面张力的决定性因素。

3. 胶束化作用与 CMC　当表面活性剂浓度增加、表面吸附达到饱和时，其分子不能继续在表面富集，而疏水基的疏水作用仍竭力促使其逃离水环境，满足这一条件的方式是表面活性剂分子在溶液内部自聚，即疏水链向里靠在一起形成内核，远离水环境，而将亲水基朝外与水接触。表面活性剂的这种自聚体称为分子有序组合体。形成胶束的行为称为胶束化作用。形成胶束的最低浓度称为临界胶束浓度（critical micelle concentration，CMC）。CMC 的大小与表面活性剂的结构和组成有关，同时受温度、pH 及电解质种类等外部条件的影响。

当溶液中表面活性剂浓度极低时，空气和水几乎是直接接触的，水的表面张力下降不多，接近于纯水的状态。如稍微增加表面活性剂的浓度，它就会很快吸附到水面，使水和空气的接触减少，表面张力急剧下降。同时，水中的表面活性剂分子也三三两两地聚集在一起，互相把憎水基靠在一起，开始形成小胶束。当表面活性剂浓度进一步增大至溶液达到饱和吸附时，表面形成紧密排列的单分子膜。此时溶液的浓度达到CMC，溶液中开始形成大量胶束，溶液的表面张力降至最低值。当溶液的浓度达到CMC之后，若浓度再继续增加，溶液的表面张力几乎不再下降，只是溶液中的胶束数目和聚集数增加。

胶束是表面活性剂在 CMC 附近及以上浓度形成的分子有序组合体的一个传统叫法。现代表面活性剂科学中，包括预胶束、半胶束在内的胶束，仅仅是分子有序组合体的最简单的形式。胶束不仅有大小之分（常用聚集数表示），也有球状、柱状和板状等不同形状。随表面活性剂浓度增加，胶束可转变为其他形式的分子有序组合体，如囊泡、液晶等。

4. CMC 附近溶液性质的突变　离子型表面活性剂大多数属于强电解质。但表面活性剂溶液的许多平衡性质和迁移性质在达到一定浓度后就偏离一般强电解质在溶液中的规律。研究表明，表面活性剂的表面张力、密度、折射率、黏度、浊度及光散射强度等性质，以及去污能力、增溶能力等应用功能，都在一个相当窄的浓度范围内发生突变。

表面活性剂性质突变的浓度范围一般都在其CMC附近。性质突变在于CMC附近形成胶束或表面吸附达到饱和的原因。由于溶液性质都是随物质的数量和质点的大小变化的，当溶质在此浓度区域开始大量生成胶束时，导致质点数量和大小的突变，因此这些性质也随之发生突变。

5. 离子型表面活性剂 Krafft 点　大多数表面活性剂的溶解度随温度的变化存在明显的转折点。对离子型表面活性剂和非离子型表面活性剂，转折点的意义有本质差别，分别称为表面活性剂的 Krafft 点和浊点。

对离子型表面活性剂，在较低的一段温度范围内随温度升高溶解度上升非常缓慢，当温度上升到某一定值时溶解度随温度上升迅速增大，这个突变的温度称为临界溶解温度，又叫克拉夫特（Krafft）温度，也称克拉夫特点。Krafft 点是离子型表面活性剂的特征值。

Krafft 点时表面活性剂的溶解度就是此时的临界胶束浓度。低于Krafft 点时，CMC 高于溶度，因此溶液不能形成胶束；高于Krafft 点，CMC 低于溶度，溶液浓度增加可形成胶束。此时表面活性剂溶解度的贡献主要来自胶束形式。与表面活性剂单体不同，胶束由于外层亲水基包裹着内核的疏水基，这种结构在水中有利于大量稳定存在。由于胶束尺寸很小，非肉眼可见，因此溶液外观清亮，显示出溶解度激增的现象。

Krafft 点表示表面活性剂应用时的温度下限，Krafft 点低表明该表面活性剂的低温水溶性好。只有当使用温度高于Krafft 点时，表面活性剂才能更大程度地发挥作用。

6. 非离子表面活性剂浊点　非离子表面活性剂的溶解度随温度的变化与离子型表面活性剂不同。对非离子表面活性剂，特别是聚氧乙烯型的，升高温度时其水溶液由透明变混浊，降低温度溶液又会由混浊变透明。这个由透明变混浊或由混浊变透明的平均温度，称为非离子表面活性剂的浊点（cloud point）。在浊点及以上温度，表面活性剂由完全溶解转变为部分溶解。

非离子表面活性剂的浊点现象可解释为：非离子表面活性剂在水中的溶解能力是它的极性基与水生成氢键的能力。温度升高不利于氢键形成。聚氧乙烯类非离子表面活性剂的水溶液随着温度升高，氢键被破坏，结合的水分子由于热运动而逐渐脱离，因而亲水性逐渐降低而变得不溶于水，透明溶液变混浊。当冷却时，氢键又恢复，因而又变为透明溶液。

通常所说的非离子表面活性剂的浊点现象主要是针对聚氧乙烯型非离子表面活性剂而言。并非所有非离子表面活性剂都有浊点，如糖基非离子表面活性剂的性质具有正常的温度依赖性，如溶解性随温度升高而增加。正、负离子表面活性剂混合体系，虽然仍是离子型表面活性剂，却具有明显的浊点现象。

浊点是非离子表面活性剂的一个特性常数。Krafft 点主要针对离子型表面活性剂，而浊点主要针对非离子型表面活性剂。从应用的角度，离子型表面活性剂要在 Krafft 点以上使用，而非离子表面活性剂则要在浊点以下使用。

7. 溶油性与增溶作用　烃类一般不溶于水，但在表面活性剂水溶液中溶解度剧增。这就是表面活性剂对不溶物的加溶作用，也称为增溶作用。这种溶解现象不同于在混合溶剂中的溶解，混合溶剂的溶解作用是使用大量与水互溶的有机溶剂与水形成混合溶剂，改变溶剂性质，使对原来不溶于水的有机物具有溶解能力，这种溶解能力一般随有机溶剂含量增加而逐步增加，并不存在一个临界值。但加溶作用则不同，它只发生在一定浓度以上的表面活性剂溶液。浓度很稀的表面活性剂溶液无加溶作用，只有当表面活性剂浓度超过 CMC 后才有明显的加溶作用。

加溶作用是胶束的性质。胶束形成后其内核相当于碳氢油微滴，一些原来不溶或微溶于水的物质分子便可存身其中。由于聚集体很小，不为肉眼所见，溶油后仍保持清亮，与真溶液貌似。加溶作用所形成的是热力学稳定的均相体系。表面活性剂的很多性质都是基于加溶作用，由此衍生出表面活性剂的很多功能。

表面活性剂的其他性质和功能基本上都是由其在表面的吸附作用、溶液中的自聚作用，以及这些分子有序组合体的加溶作用的基础上衍生而来。

8. 毒性　表面活性剂都有一定的急性毒性和生物毒性。当应用于日化产品时，要了解其致畸性、致癌性、异变性、对皮肤的刺激性，以及对土壤和水体环境的危害性。

研究表明，阳离子型表面活性剂的毒性最大，其次是阴离子型表面活性剂，非离子型表面活性剂的毒性最小。阳离子型和阴离子型表面活性剂还有较强的溶血作用。非离子型表面活性剂的溶血作用一般比较轻微，其中聚山梨酯类的溶血作用通常较其他含聚氧乙烯基片段的表面活性剂更小。静脉给药制剂中的表面活性剂的毒性比口服给药时大。外用时表面活性剂的毒性相对较小，但仍以非离子型表面活性剂对皮肤和黏膜的刺激性为最小。

二、表面活性剂的功能

表面活性剂是一类具有多种功能的物质，常具有润湿、分散、乳化、增溶、起泡、消泡和洗涤去污等多种功能。

1. 润湿与渗透　当水浸湿固体时，如在浸湿玻璃时，只要在水中放入少许表面活性剂就变得极易浸润，我们将这种表面活性剂有助于润湿的作用叫做润湿作用。例如，水滴落在石蜡表面后马上会被弹开，石蜡几乎一点也不沾湿，但是在水中一旦加入少量表面活性剂石蜡就容易被浸湿。

想用水浸湿厚毛毡，无论如何也难浸透。放入表面活性剂后就很容易使之浸透。这时表面活性剂的这种作用称为渗透作用。

如在固体的表面上分别滴一滴水和一滴表面活性剂溶液，这时就会发现水滴的形状有所差别，如图 1-1（a）和（b）所示。

看到这两种形状的水滴后，马上就会知道（b）比（a）容易浸湿。度量的办法就是图 1-1 所表示的角度，此角称为接触角。接触角越接近 0°越容易润湿，越接近 180°时越难润湿。当接触角等于 180°时完全不能润湿而被弹起，这就相当于水滴掉在植物的叶上完全形成球状的情况，如图 1-1 所示。

表面活性剂降低表面张力的作用实质上就是减少接触角 θ，起到增大润湿与渗透的作用。

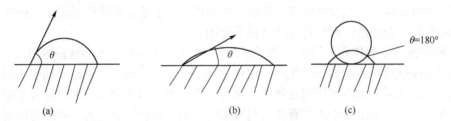

图 1-1   液体在固体表面的形态

2. 乳化与分散   一种液体中混有另一种液体就叫做乳状液，如极细微的油粒子分散在水中。如果一种液体中混有极细的固体粒子就叫做悬浮液，如煤泥水。

油等物质一旦变成如此小的粒子时，它与水的接触面积就显著增大，因此与水的排斥力（表面张力）也就增大了，这就是难以乳化的原因。通过降低表面张力使之易于乳化（或分散）正是表面活性剂的作用。

无论是乳状液或悬浮液，由于两相界面面积增大，这种体系在热力学上是不稳定的。为了使乳状液和悬浮液保持稳定，需要加入乳化剂或分散剂。为了促进乳化而添加的表面活性剂或其他物质叫做乳化剂；为了促进分散而添加的表面活性剂或其他物质叫做分散剂。它们必须具备的条件如下。

（1）能吸附或富集在两相界面上，使界面张力降低。

（2）乳化剂或分散剂通过吸附赋予粒子以电荷，使粒子间产生静电排斥，或在粒子周围形成一层稳定的、黏度特别高的保护膜。

因此，用作乳化剂或分散剂的物质必须具有两亲基团才能起作用，表面活性剂是能满足这些要求的最佳乳化剂或分散剂。

3. 起泡与消泡   气体被液体的薄膜包围就形成了气泡，这种液体膜易产生也易破坏，一搅拌就自然产生许多气泡。如果表面活性剂分子被吸附在气体与液体的表面，形成坚固的膜，使表面张力降低，那么即使让液体形成的薄膜与空气的接触面积再增加也没有什么关系，并且由于受到有表面活性剂吸附的膜的保护而变得更难破坏。这就叫做表面活性剂的起泡作用。

凡能起泡的表面活性剂只能证明它有表面活性，发泡性、洗涤力、渗透性之间不一定存在必然联系。壬基酚聚氧乙烯醚的发泡性比肥皂小得多，可是其渗透性与洗涤能力却比肥皂强。一般阴离子表面活性剂的发泡力最大，聚氧乙烯醚型非离子表面活性剂居中，脂肪酸酯型非离子表面活性剂最小。

作为消泡剂，不是表面活性剂的低级醇也有好的消泡作用，环氧乙烷环氧丙烷共聚醚型非离子表面活性剂是最好的低泡或消泡剂，其中聚醚 L-61 的泡沫几乎为零。工业上，将表面活性剂组合使用，在保持表面活性剂良好性能的前提下不产生或少产生泡沫具有实际意义。

4. 增溶作用　增溶作用是指在水溶液中加入适量表面活性剂时，可使难溶或不溶于水的有机物的溶解度大大增加的现象。增溶作用只能在大于 CMC 的浓度时发生，胶束的存在是发生增溶作用的必要条件。增溶过程中，溶质并未分散成分子状态，而是整体进入胶束。

增溶作用的大小与表面活性剂的化学结构、表面活性剂的 CMC 及胶束的数量有关。所以影响 CMC 的各种因素同样也会影响增溶作用。例如，无机盐的加入会使离子型表面活性剂的 CMC 降低，并使胶团变大，结果增大了烃类的增溶量，但却减少了极性有机物的增溶量。

非离子型表面活性剂的增溶能力大于相应的离子型表面活性剂，这是因为大多数非离子型表面活性剂的 CMC 较相应的离子表面活性剂小得多，所以增溶作用强得多。阳离子型表面活性剂的增溶能力大于具有相同碳氢链的阴离子型表面活性剂。这是因为阳离子型表面活性剂形成的胶束比较疏松的缘故。具有相同憎水基的表面活性剂对烃类和极性有机物的增溶作用顺序为：非离子型表面活性剂＞阳离子型表面活性剂＞阴离子型表面活性剂。

5. 洗涤作用　洗涤作用是指从浸在介质中的被洗物表面除去污垢的过程。洗涤作用需要表面活性剂的润湿、渗透、乳化、分散、起泡等所有功能。污垢多半是由于矿物性（如尘土）物质和有机性（如油类）物质沾在物体上形成，把它们浸泡在表面活性剂溶液中马上就会被充分润湿和渗透，继而污物被表面活性剂剥落从而乳化分散在液体中。

要注意洗涤能力与表面活性剂的润湿、乳化等能力不一定成正比。例如，洗涤作用虽差，但润湿渗透作用强的表面活性剂就有很多。

第五节　表面活性剂的应用

表面活性剂用途极其广泛，其应用渗透到所有工业部门，几乎没有哪一项工业与表面活性剂无关。当今，表面活性剂产量大，品种逾万种。随着世界经济的发展及科学技术领域的开拓，表面活性剂的发展更加迅猛，其应用领域从日用化学工业发展到石油、食品、农业、卫生、环境、新型材料等技术部门，被称为"工业味精"。

一、工业表面活性剂的应用

1. 工业清洗剂　用于火车、船舶等交通工具、机器及零件、电子仪器、印刷设备、油贮罐、核污染物、锅炉、羽绒制品、食品的清洗等。根据被洗物品的性质及特点而有各种配方，这主要利用表面活性剂的乳化、增溶、润湿、渗透、分散等性能辅以其他有机或无机助剂，达到清洗去除油渍和锈迹、杀菌及保护表面层的目的。

2. 工业助剂　利用表面活性剂的派生性质作为工业助剂使用，如润滑、柔软、催化、杀菌、抗静电、增塑、去味、增稠、降凝、防锈、防水、驱油、防结块、浮选、相转移催化等，应用于电子工业、仿生材料、聚合反应、基因工程、生物技术等方面，还有许多应用正在不断开发中。

3. 功能性表面活性剂 为满足合成橡胶、合成树脂、涂料生产中乳液聚合的需要，还开发了功能性表面活性剂，如反应性表面活性剂，可解离型表面活性剂，含硅、氟、磷等特种表面活性剂，广泛应用于纺织印染、化纤工业、石油开采、建材、冶金、交通、造纸、水处理、农药乳化、化肥防结块、油田化学品、食品、胶卷、制药、皮革和国防等各个领域。

二、不同类型表面活性剂的应用

1. 阴离子型表面活性剂 阴离子为羧酸盐型的表面活性剂，若成盐的是可溶性碱金属皂，主要用作洗涤剂、化妆品等。若成盐为不溶性皂类，如碳酸钙、羧酸铅、羧酸锰等，能溶于有机溶剂，常用作油漆催干剂、防结块剂等。还有多羧酸皂、松香皂、N-酰基氨基羧酸皂，则多用作乳化剂、洗涤剂、润滑油、添加剂、防锈剂等。

阴离子为硫酸酯盐的表面活性剂，由于憎水基的化学结构不同，其性质又有所不同，如高级醇硫酸酯盐具有良好的洗净力和乳化力，泡沫丰富，易生物降解，其水溶性和去污力等比肥皂好，且溶液呈中性，不损伤织物，在硬水中不易沉淀，广泛用于家庭及工业洗涤剂、洗发香波、化妆品等领域。

硫酸化烯烃、硫酸化油、硫酸化脂肪醇酯等，由于憎水基中有支链存在，其渗透力、润湿力好，但洗涤去污力差，多用于纤维印染助剂。

磺酸盐型阴离子表面活性剂，如烷基苯磺酸盐、烷基磺酸盐、α-烯烃磺酸盐，其洗涤去污力好，被广泛纳入洗衣粉、液体洗涤剂的配方中。

总之，阴离子型表面活性剂，若是水溶性的，且疏水基是直链型的，主要用作洗涤剂、清净剂，广泛应用于洗涤行业。若憎水基是支链型的，则作为渗透剂、润湿剂及纤维印染助剂使用。

2. 阳离子型表面活性剂 阳离子表面活性剂很少用作清洗剂。其原因是很多被洗物的基底表面带有负电荷，带正荷的阳离子表面活性剂不溶解油垢，反而被吸附在基底的表面上。而这一特性可用作抗静电剂、纤维的柔软剂、选矿中的捕集剂或浮选剂、金属制品的缓蚀剂等。

由于脂肪胺及季铵盐可紧密定向排列在细菌半渗透膜与水或空气的界面上，阻碍有机体的呼吸或切断营养物质的来源致使细菌死亡，故阳离子表面活性剂可用于防霉和杀菌，含有苄基的季铵盐是大家公认有效的杀菌剂。

3. 两性型表面活性剂 两性型表面活性剂具有良好的去污、起泡和乳化能力，对硬水、酸、碱和各种金属离子都有较强的耐受能力，毒性和皮肤刺激性低，生物降解性好，并具有抗静电和杀菌等特殊性能，广泛应用于抗静电、纤维柔软、特种洗涤剂及香波、化妆品等领域，其应用范围正在不断扩大。

4. 非离子型表面活性剂 非离子型表面活性剂的水溶性随亲水性的羟基数目多少或聚氧乙烯醚链的长短而不同。一般而言，多元醇型的非离子表面活性剂不单独用作洗涤剂，主要用作乳化剂，或与其他阴离子、阳离子表面活性剂复配用于洗涤剂配方。聚氧乙烯醚链可在合成时加以调控，其亲水性可大可小，大者可作洗涤剂使用，小者可作乳化剂、润湿剂使用。同时，由于非离子表面活性剂可与阴离子或阳离子表面活性剂兼容，且不受硬水中钙、镁离子的影响，被广泛用于各种复配剂型表面活性剂配方中。

5. 特种表面活性剂 碳氟表面活性剂和碳硅表面活性剂发展迅速，它们不仅具有比普通表面活性剂更高的表面活性，而且具备很多普通表面活性剂不具备的性能。碳硅表面活性剂具超润湿性，碳氟表面活性剂具超疏水性，其水溶液可以在油面上自发铺展形成一层水膜。这些特殊性能使特种表面活性剂具有普通表面活性剂无法替代的用途。

在实际应用中，常使用多种表面活性剂混合物，极少使用单一表面活性剂。不同表面活性剂混合不仅仅可以降低成本，在很多情况下还可增强表面活性剂的性能。

第二章

表面活性剂的合成实验

第一节 阴离子型表面活性剂的合成

阴离子表面活性剂是指在水中解离后起表面活性作用的部分是带负电荷的表面活性剂。其主要品种有十二烷基苯磺酸钠（LAS）、脂肪醇醚硫酸钠（AES）、脂肪醇硫酸钠（AS）、脂肪醇（醚）硫酸铵（铵盐, AESA, LSA）、α-烯基磺酸钠（AOS）、脂肪酸甲酯磺酸盐（MES）、脂肪酸甲酯乙氧基化物磺酸盐（FMES）、醇醚羧酸盐（AEC）、磺基琥珀酸和氨基酸盐等。一般而言，阴离子表面活性剂不可与阳离子表面活性剂一同使用，它们将在水溶液中生成沉淀而失效。

阴离子表面活性剂是目前品种最多、用量最大、应用最为广泛的一类表面活性剂。阴离子表面活性剂分为羧酸盐、硫酸酯盐、磺酸盐和磷酸酯盐四大类，具有较好的去污、发泡、分散、乳化、润湿等特性。本类活性剂主要用作洗涤剂，此外还广泛应用在纺织、石油化工、选矿、造纸等行业中作为乳化剂、扩散剂、凝胶剂、渗透剂、洗涤剂、发泡剂等。

本节共安排 5 个实验。

实验一 十二烷基苯磺酸钠的合成

一、实验目的

1. 了解用不同磺化剂进行磺化反应的机理和反应特点。
2. 熟悉十二烷基苯磺酸钠的性质、用途和使用方法。
3. 掌握烷基苯磺酸钠的制备方法。

二、实验原理

十二烷基苯磺酸钠具有去污、润湿、发泡、乳化、分散等性能，生物降解度＞90%，在较宽的 pH 范围内比较稳定，其钠或铵盐呈中性，能溶于水，对水硬度不敏感，对酸、碱水解稳定性好。十二烷基苯磺酸钠大量用作各种洗涤剂、乳化剂，用于香波、泡沫浴等化妆品中，也可作为纺织染色助剂、电镀脱脂剂、造纸脱墨剂等。

十二烷基磺酸钠是由十二烷基苯与发烟硫酸或三氧化硫磺化，再用碱中和制得。反应式如下：

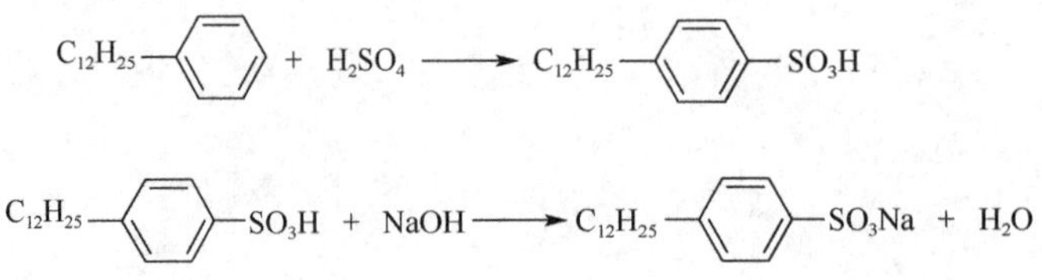

$$C_{12}H_{25}\!\!-\!\!\bigcirc\!\!-\!\!H + H_2SO_4 \longrightarrow C_{12}H_{25}\!\!-\!\!\bigcirc\!\!-\!\!SO_3H$$

$$C_{12}H_{25}\!\!-\!\!\bigcirc\!\!-\!\!SO_3H + NaOH \longrightarrow C_{12}H_{25}\!\!-\!\!\bigcirc\!\!-\!\!SO_3Na + H_2O$$

三、仪器与试剂

仪器：四口烧瓶；电动搅拌装置；回流冷凝管；恒压滴液漏斗；恒温计；分液漏斗；电热套。

试剂：十二烷基苯；浓硫酸；氢氧化钠；氯化钠。

四、实验步骤

1. 磺化反应　在装有搅拌器、温度计、滴液漏斗和回流冷凝管的 250ml 四口烧瓶中，加入 35ml（34.6g）十二烷基苯，在搅拌下缓慢滴加 35ml 98%硫酸，温度不超过 40℃，加完后升温至 60℃，反应 2h。

2. 分酸　将上述磺化混合液降温至 40～50℃，缓慢滴加约 15ml 水，倒入分液漏斗中，静置分层，放掉下层水和无机盐，保留上层有机相。分酸时，温度不可过低，否则易使分液漏斗被无机盐堵塞，造成分酸困难。

3. 中和　配制 80ml 10%氢氧化钠溶液，将其加入 250ml 四口烧瓶中 60～70ml，搅拌下缓慢滴加分酸所得有机相，控制温度为 40～50℃，用 10%氢氧化钠调节 pH7～8，记录 10%氢氧化钠总用量。

4. 盐析　向上述反应体系中，加入少量氯化钠，渗圈试验清晰后过滤，得到白色膏状产品。称重，计算产率。

五、附注与注意事项

1. 磺化反应必须严格控制加料速度和温度，以免反应过于激烈。
2. 磺化反应时使用的仪器，均必须干燥无水，否则会影响反应。
3. 水洗除酸时需注意加水量、水洗温度，尽力避免结块、乳化现象发生。
4. 发烟硫酸、磺酸、废酸、氢氧化钠均有腐蚀性，实验时切勿溅到手上和衣物上。

六、思考题

1. 发烟硫酸磺化反应原理是什么？与采用浓硫酸有何差异？
2. 分酸原理是什么？如何才能分好？
3. 什么叫中和值？中和值是如何确定的？

实验二　月桂醇硫酸钠的合成

一、实验目的

1. 了解高级醇硫酸酯盐型阴离子表面活性剂的主要性质和用途。
2. 掌握氯磺酸对高级醇的硫酸化作用原理和实验方法。

二、实验原理

月桂醇硫酸钠又称十二醇硫酸钠，熔点为 180～185℃，易溶于水。具有起泡性能好、去污能力强、乳化性能好、无毒、能被微生物降解等优点。月桂醇硫酸钠可做牙膏发泡剂、选矿发泡和捕捉剂、药膏乳化剂、纺织品的洗涤剂。

月桂醇硫酸钠是由氯磺酸和月桂醇反应生成的磺酸酯,再与碳酸钠发生中和反应生成。反应式如下:

$$C_{12}H_{25}OH + ClSO_3H \longrightarrow C_{12}H_{25}OSO_3H + HCl$$

$$2C_{12}H_{25}OSO_3H + Na_2CO_3 \longrightarrow 2C_{12}H_{25}OSO_3Na + H_2O + CO_2$$

三、仪器与试剂

仪器:三口烧瓶;分液漏斗;烧杯;滴液漏斗;温度计;量筒;电动搅拌器;电加热套。
试剂:月桂醇;尿素;氯磺酸;冰醋酸;正丁醇;无水碳酸钠。

四、实验步骤

250ml 三口烧瓶中,安装氯化氢吸收装置,并将烧瓶置于冰浴中冷却至 5℃。加入 50ml 冰醋酸,缓慢滴加 18ml 氯磺酸。搅拌下,滴入 50g 月桂醇,20min 内滴完。5℃继续反应 30min,使月桂醇完全溶解。如醇不能完全溶解,可移去冰浴。在通风柜内,把反应物慢慢倒入装有 140g 碎冰的 500ml 烧杯中,再加入 150ml 正丁醇,充分搅拌 5min。搅拌下慢慢滴入饱和碳酸钠溶液直到 pH≤8,再向混合液中加入 50g 碳酸钠,稍加搅拌后,倒入分液漏斗,收集油相,分出水相。水相用约 100ml 正丁醇萃取,合并油相。旋蒸回收正丁醇,得白色稠状物。将稠状物置于真空干燥箱中干燥,得到月桂醇硫酸钠,称重并计算产率。

五、附注与注意事项

1. 氯磺酸遇水会分解,故所用玻璃仪器必须干燥。
2. 加入碳酸钠水溶液应缓慢进行,滴加速度不可太快,以防溶液随气体溢出。
3. 十二醇熔点为 24℃,室温较低时,反应前要将固体十二醇充分研磨。
4. 大量的阴离子表面活性剂进入水体中可引起水质的恶化,实验后不可以直接倒入下水道。

六、思考题

1. 月桂醇硫酸钠的主要性质和用途有哪些?
2. 氯磺酸对醇类分子的硫酸化与芳烃磺化反应有什么不同?
3. 用正丁醇萃取月桂醇硫酸钠时,为什么要加入过量的固体碳酸钠?

实验三　β-萘磺酸钠的合成

一、实验目的

1. 掌握 β-萘磺酸钠的合成原理及方法。
2. 掌握用脱硫酸钙法分离和纯化磺酸钠盐的技术。

二、实验原理

β-萘磺酸钠,易溶于水,不溶于醇,可作为动物胶的乳化剂。

萘与浓硫酸发生磺化反应生成萘磺酸，此反应为可逆反应。通常萘在低温下磺化（<80℃）的主要产物为 α-萘磺酸，高温磺化（180℃）主要为 β-萘磺酸。β-萘磺酸用氧化钙中和得到 β-萘磺酸钙盐，再用碳酸钠处理最终得到 β-萘磺酸钠。

反应式如下：

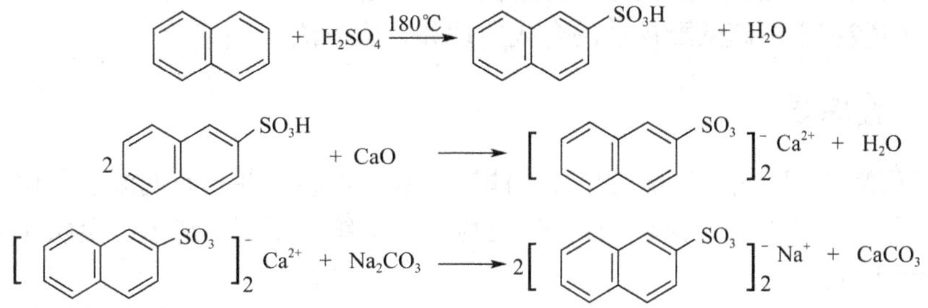

三、仪器与试剂

仪器：三口烧瓶；烧杯；搅拌器；油浴（或电热套）；温度计；布氏漏斗；蒸发皿。
试剂：萘；浓硫酸；氧化钙；碳酸钠。

四、实验步骤

250ml 三口烧瓶中，加入 27g（0.21mol）研细的萘、16.5ml（30g，0.3mol）浓硫酸。开动搅拌，加热到 170～180℃，反应 1h。静置，冷却至 95℃左右。搅拌下将反应物慢慢倒入盛有 400ml 冷水的烧杯中，未反应的萘以固体形式析出，经过滤除去。将滤液加热至温热，搅拌下加入氧化钙溶液，使溶液呈中性。静置冷却，过滤除去沉淀物，将滤液放入蒸发皿中浓缩，直到用玻璃棒蘸一滴液体就开始析出结晶为止，然后静置、冷却使之结晶。

将得到的 β-萘磺酸钙盐溶于水中，加入饱和碳酸钠水溶液至溶液呈弱碱性。静置冷却，过滤除去碳酸钙沉淀。将滤液置于蒸发皿中，蒸发浓缩至有结晶出现，停止加热，冷却静置，结晶析出。过滤后，将滤液再次浓缩结晶，将得到的二次结晶合并烘干，最终得到 β-萘磺酸钠。称重并计算产率。

五、附注与注意事项

1. 油浴加热时，要防止水溅入油锅浴中，以防油浴暴沸造成烫伤。
2. 也可以用碳酸钙中和除去剩余的硫酸。
3. 无水 β-萘磺酸有毒性，而且极易吸潮形成水合物。

六、思考题

1. 萘与硫酸进行磺化反应的原理是什么？不同工艺条件对产物有何影响？
2. 萘的磺化物是否可随意加入其他的碱液进行中和？为什么？
3. α-萘磺酸钙和 β-萘磺酸钙是通过什么方法实现分离的？为什么？
4. 在浓缩提取 β-萘磺酸钠盐时，能否将溶剂全部蒸干以获取更多的产物？

实验四　油酸正丁酯硫酸酯钠盐的合成

一、实验目的

1. 了解油酸正丁酯硫酸酯钠盐的主要性质和用途。
2. 掌握油酸正丁酯硫酸酯钠盐的合成原理和合成方法。

二、实验原理

油酸正丁酯硫酸酯钠盐又称磺化油，能溶于水，可燃，并具有润湿、乳化、分散、润滑、渗透、洗涤、匀染、助溶等功能。广泛应用于纺织，制革、造纸、金属加工等行业，也用作农药乳化剂。

油酸和正丁醇在硫酸的催化下，生成油酸正丁酯，再与发烟硫酸进行磺化反应，然后经中和分离得产品。

反应式如下：

$$CH_3(CH_2)_7—CH=CH—(CH_2)_7COOH + C_4H_9OH \longrightarrow CH_3(CH_2)_7—CH=CH—(CH_2)_7COOC_4H_9 + H_2O$$

$$CH_3(CH_2)_7—CH=CH—(CH_2)_7COOC_4H_9 + H_2SO_4^- \longrightarrow CH_3(CH_2)_7—\underset{\underset{OSO_3H}{|}}{\overset{\overset{H}{|}}{C}}—CH_2—(CH_2)_7COOC_4H_9$$

$$CH_3(CH_2)_7—\underset{\underset{OSO_3H}{|}}{\overset{\overset{H}{|}}{C}}—CH_2—(CH_2)_7COOC_4H_9 + NaOH \longrightarrow CH_3(CH_2)_7—\underset{\underset{OSO_3Na}{|}}{\overset{\overset{H}{|}}{C}}—CH_2—(CH_2)_7COOC_4H_9 + H_2O$$

三、仪器与试剂

仪器：分水器；电动搅拌器；托盘天平；四口烧瓶；球形冷凝管；直形冷凝管；蒸馏烧瓶；分液漏斗；烧杯；量筒；温度计。

试剂：油酸；正丁醇；发烟硫酸；氢氧化钠；乙醇。

四、实验步骤

1. **酯化反应**　在装有温度计、电动搅拌器和球形冷凝管的 250ml 四口烧瓶中，分别加入 60g 油酸、20g 正丁醇和 0.5g 发烟硫酸，开动搅拌器，加热至 110℃反应 2h，通过分水器将产生的水及时分出。当温度升至 140℃以上时，继续分水 1h，停止加热。将反应物倒入蒸馏烧瓶中，在 145℃时蒸出过量的正丁醇。

2. **磺化反应**　在三口烧瓶中，加入 60g 油酸丁酯，充分搅拌下，在 0～5℃时慢慢加入 60g 20%发烟硫酸，加完后在搅拌下反应 1h。

3. **中和反应**　在 250ml 烧杯中加 100ml 水，冷却至 20℃，在充分搅拌下加入磺化物，温度控制在 30℃，加完磺化物后充分搅拌 15min。然后将物料倒入分液漏斗中，静置分液，分出下层废酸，将上层倒入烧杯中，在搅拌下用 10%氢氧化钠中和至 pH 为 4～6。乙醇萃取，取上层液，在 80℃下蒸馏出乙醇即得产品，计算产率。

五、附注与注意事项

1. 发烟硫酸有很强的腐蚀性，加入时要小心操作以防造成烧伤。

2. 本产品为微黄色至棕色液体，溶于水和乙醇，遇酸分解。

六、思考题

1. 酯化反应为什么要加入 0.5g 发烟硫酸？
2. 磺化反应的温度是如何控制的？

实验五　仲十二醇醚羧酸钠的合成

一、实验目的

1. 了解脂肪醇醚羧酸钠的性能和作用。
2. 掌握用氯乙酸一步法羧甲基化反应合成仲十二醇醚羧酸钠的原理和方法。

二、实验原理

脂肪醇醚羧酸盐（AEC），其结构可表示为 $RO(CH_2CH_2O)_nCH_2COOM$，是表面活性剂行业发展的新品种，以其可生物降解、无毒、温和等各种优良的性能，广泛应用于纺织、印染、石油化工及个人护理产品等领域中。其与烷基多苷、醇醚磷酸单酯同被称为"20 世纪 90 年代的绿色品种"。

仲十二醇醚羧酸钠的合成采用羧甲基化法。

反应式如下：

$$RO(CH_2CH_2O)_n H + NaOH \rightleftharpoons RO(CH_2CH_2O)_n Na + H_2O$$
$$RO(CH_2CH_2O)_n Na + ClCH_2COONa \longrightarrow RO(CH_2CH_2O)_n CH_2COONa$$

三、仪器与试剂

仪器：圆底烧瓶；加热套；搅拌装置；烧杯；分液漏斗。

试剂：仲十二醇醚（仲-AEC$_9$）；氢氧化钠；氯乙酸；酚酞；异丙醇。

四、实验步骤

向 100ml 圆底烧瓶中加入 3.2g（5mmol）仲-AEC$_9$，搅拌下，预热到 55℃时，缓慢分批地加入 0.4g（1mmol）氢氧化钠固体，控制好实验温度，保持体系恒温在 60℃左右，待氢氧化钠完全溶解后，向其中加入 0.48g（5mmol）氯乙酸饱和溶液，反应大约 3.5h。冷却后，得到粗产品，所得产物应为无异味、浅黄色黏稠状液体。计算产率。

五、数据处理与结果分析

阴离子活性含量即羧甲基化度是其主要的一个指标。用 10%的硫酸将仲 AEC$_9$-Na 粗产物酸化，再加热分层，取上层有机物经过无水乙醇热过滤后变成仲十二醇醚乙酸。测定其酸值，计算活性含量。

酸值的测定：准确称取一定量的经过分离得到的仲十二醇醚乙酸产品，加入 10ml 异丙醇溶解，再滴入 4 滴酚酞作指示剂，在不断摇动下用一定浓度的标准氢氧化钠溶液滴定至粉红色并且在 15s 不褪色即为终点。记录下消耗氢氧化钠的体积，酸值计算公式如下所示：

$$酸值=\frac{V \times C \times 56.1}{M}$$

式中，V—消耗的氢氧化钠的体积，ml；C—氢氧化钠溶液的浓度 mol/L；M—样品的质量分数，g。

$$阴离子活性含量=\frac{产物酸值}{理论酸值} \times 100\%$$

（其中，理论酸值=$\frac{56 \times 1000}{M}$=87.66，M=640，为仲 AEC$_9$-H 的相对分子质量）

六、附注与注意事项

氢氧化钠碱性强，且容易吸湿，需注意安全操作。

七、思考题

1. 分别讨论投料摩尔比、反应温度、反应时间等因素对反应的影响。
2. 氯乙酸一步法羧甲基化反应和两步法羧甲基化反应有何不同？

第二节　阳离子型表面活性剂的合成

阳离子表面活性剂是分子中活性部分带正电荷的一类表面活性剂。常见的阳离子表面活性剂大都是有机含氮化合物的衍生物和盐类阳离子表面活性剂，其中有机含氮化合物阳离子表面活性剂主要分为胺盐类和季铵盐类。胺类（有机伯、仲、叔胺）本身不带正电荷，但可以与质子结合而带正电性。胺盐是弱碱性盐，只在酸性条件下具有表面活性，在碱性条件下容易游离出氨，失去表面活性。而季铵盐类化合物本身带有正电荷，在酸性和碱性溶液中均能离解出带正电荷的表面活性离子。

本节共安排 6 个实验。

实验六　N,N-二甲基十二烷基苄基氯化铵的合成

一、实验目的

1. 了解季铵盐类阳离子表面活性剂的性质和用途。
2. 掌握 N,N-二甲基十二烷基苄基氯化铵的合成原理和合成方法。

二、实验原理

N,N-二甲基十二烷基苄基氯化铵，又称苯扎氯铵、1227、DDP、洁尔灭、匀染剂、TAN等。产品为无色或淡黄色液体，易溶于水，不溶于非极性溶剂，抗冻、耐酸、耐硬水，化学稳定性好，属阳离子型表面活性剂。本品可作为化妆品的乳化剂，阳离子染料和腈纶染色的缓染匀染剂、织物柔软剂、抗静电剂、医疗卫生和食品行业的消毒杀菌剂，循环冷却水的水质稳定剂等。

本实验以十二烷基胺为原料，先制备成十二烷基叔胺，再以氯化苄为烷化剂来制备。反应式如下：

$$C_{12}H_{25}NH_2 + 2HCHO + 2HCOOH \longrightarrow C_{12}H_{25}N(CH_3)_2 + 2H_2O + 2CO_2$$

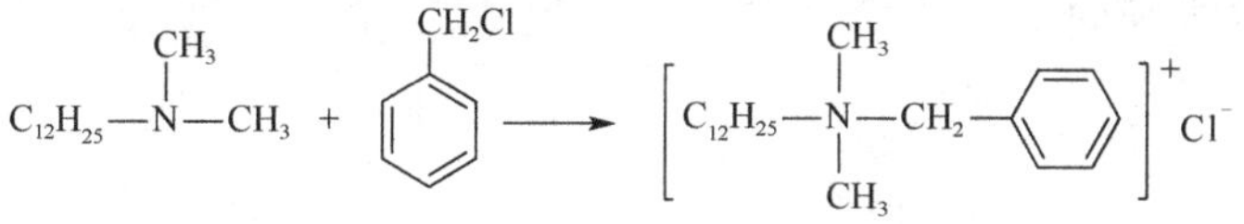

三、仪器与试剂

仪器：电动搅拌器；电热套；温度计；球形冷凝管；四口烧瓶；烧杯。
试剂：十二烷基胺；甲酸；甲醛；氯化苄；氢氧化钠。

四、实验步骤

1. *N,N*-二甲基十二烷基叔胺的合成　在装有温度计、球形冷凝管和电动搅拌器的250ml 四口烧瓶中，加入 3ml 无水乙醇和 2.8g（13mmol）十二烷基胺，开启搅拌器，升温至 35℃时，加入 1.4g（0.3mmol）甲酸和 2.0g（67mmol）甲醛。升温至 80℃，回流 2h，用 10%氢氧化钠中和至 pH 10～12。将反应物倒入分液漏斗中静置，分去水层。有机层旋蒸脱除乙醇。

2. *N,N*-二甲基十二烷基苄基氯化铵的合成　在装有搅拌器、温度计和球形冷凝管的250ml 四口烧瓶中，加入 4.4g（21mmol）*N,N*-二甲基十二烷基叔胺和 2.4g（21mmol）氯化苄，搅拌并升温至 100℃，反应 1h，成品为白色黏稠液体。测定产率。

五、附注与注意事项

1. 甲醛具有一定挥发性和毒性，使用时应戴口罩，废液应集中处理。
2. 氯化苄是一种无色或微黄色的透明液体，属致癌物质，具有刺激性气味，微溶于水，易溶于苯、甲苯等有机溶剂，水解生成苯甲醇，在铁存在下加热迅速分解。使用时应戴上口罩，量取时应在通风柜内进行。

六、思考题

1. 季铵盐型与铵盐型阳离子表面活性剂的性质有何区别？
2. 季铵盐型阳离子表面活性剂常用的烷基化试剂有哪些？

实验七　松香基季铵盐阳离子表面活性剂的合成

一、实验目的

1. 了解松香基季铵盐阳离子表面活性剂的性质和用途。
2. 掌握松香基季铵盐阳离子表面活性剂的合成原理和方法。

二、实验原理

松香是一种来源丰富且价格便宜的天然化工原料，它的主要成分是树脂酸。经反应可得到松香醇、松香胺等衍生物。松香基季铵盐阳离子表面活性剂能溶于水，具有良好的润湿、乳化、分散性能，是能够用于化妆品的乳化剂。

本实验以脱氢松香胺为原料,以伯胺二甲基化的条件合成二甲基脱氢松香胺,然后再以氯化苄为烷化剂来制备。

反应式如下:

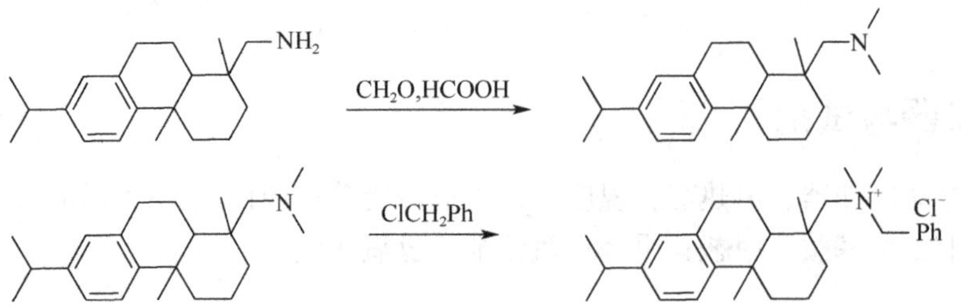

三、仪器与试剂

仪器:电动搅拌器;滴液漏斗;水浴锅;回流冷凝管;四口烧瓶;加热套;温度计。

试剂:脱氢松香胺;甲酸;甲醛;盐酸;氢氧化钠;乙酸乙酯;氯化苄。

四、实验步骤

1. *N,N*-二甲基-*N*-脱氢松香胺的合成   在装有电动搅拌器、回流冷凝管、温度计和滴液漏斗的四口烧瓶中,加入 5.70g(20mmol)脱氢松香胺,室温下搅拌,缓慢加入 4.6g 85% 甲酸。加热升温到 50℃,滴加 5.4g 37%甲醛,回流反应 2h。用 1:1 盐酸酸化,蒸馏除去过量的甲酸、甲醛。冷却到室温,用 10%氢氧化钠中和至中性,分出油相。减压蒸馏收集 190～205℃/533.3Pa 馏分,产物为淡黄色黏稠液体,计算产率。

2. 松香基季铵盐的合成   在 100ml 圆底烧瓶中,加入 3.1g(10mmol)*N,N*-二甲基-*N*-脱氢松香胺、50ml 无水乙醇,搅拌。加热到 80℃,滴加 2.5g(21mmol)氯化苄,加热回流 1h。常压蒸出乙醇,减压蒸出未反应的氯化苄,得粗产物为黄色固体。活性炭脱色,乙酸乙酯重结晶,得到白色片状结晶物。计算产率。

五、附注与注意事项

1. 减压蒸馏时应注意在仪器装置搭好后,先检查系统是否漏气。
2. 氯化苄刺激眼睛,使用时应戴上口罩,量取时应在通风柜内进行。

六、思考题

1. 制备 *N,N*-二甲基-*N*-脱氢松香胺时,加入甲酸的目的是什么?
2. 松香基季铵盐阳离子表面活性剂有哪几种?
3. 伯胺二甲基化的条件是什么?

实验八   己二胺类季铵盐型双子表面活性剂的合成

一、实验目的

1. 了解双子阳离子表面活性剂的性质和用途。
2. 掌握双子阳离子表面活性剂的合成原理和合成方法。

二、实验原理

双子表面活性剂可以大大促进"单体"离子型表面活性剂在界面或分子聚集体中的紧密排列。表面活性可提高 1～3 个数量级，具有临界胶束浓度低、与其他表面活性剂有良好的协同效应等特性，广泛用于乳化、杀菌、消泡和清洁领域。

本实验以己二胺为原料，以伯胺二甲基化的条件合成 *N,N,N',N'*-四甲基己二胺，然后再与 1-溴正辛烷烷基化。

反应式如下：

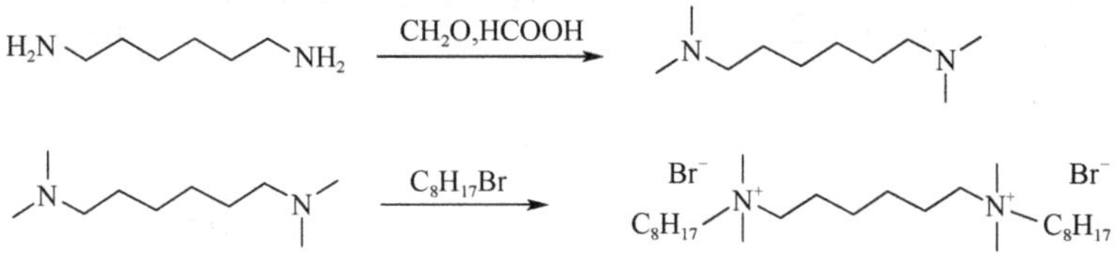

三、仪器与试剂

仪器：电动搅拌器；滴液漏斗；水浴锅；回流冷凝管；四口烧瓶；加热套；温度计。

试剂：乙二胺；甲酸；甲醛；1-溴正辛烷盐酸；氢氧化钠；二氯甲烷；乙酸乙酯；氯化苄。

四、实验步骤

1. *N,N,N',N'*-四甲基己二胺的制备　在 250ml 三颈瓶中加入 5.8g（50mmol）己二胺，在冷水浴中缓慢滴加 1.2ml 85%甲酸溶液，然后加入 2.3ml 37%甲醛溶液，并缓慢滴加 1ml 浓硫酸，加热回流 2h。蒸去反应液中过量的甲酸、甲醛和水后，加入 10%氢氧化钠溶液至碱性，分出油层，并用粒状 KOH 干燥。减压蒸馏，根据物质沸点与压力的关系，收集合适馏分（该物质常沸点为 207～209℃）。计算产率。

2. 双子型阳离子表面活性剂的合成　在 100ml 圆底烧瓶中加入 2.88g（15mmol）1-溴正辛烷、0.86g（5mmol）*N,N,N',N'*-四甲基己二胺和 20ml 无水乙醇，加热回流 2h 减压蒸去溶剂，用乙酸乙酯/乙醇重结晶。计算产率。

五、附注与注意事项

1. 减压蒸馏操作前，应仔细阅读减压蒸馏操作注意事项。
2. 减压蒸馏操作中，应仔细观察压力是否稳定、升温速度是否合适，注意操作顺序，控制好蒸馏速度。

六、思考题

1. 减压蒸馏时，馏速为什么常控制在 0.5～1 滴/秒？
2. 双子表面活性剂有哪几种类型？

实验九　壬基酚类季铵盐型双子表面活性剂的合成

一、实验目的

1. 熟悉 Mannich 反应的原理及操作。

2. 掌握壬基酚类季铵盐型双子表面活性剂的合成原理和合成方法。

二、实验原理

利用经典的 Mannich 反应，以壬基酚、二乙胺、甲醛为原料，合成 2，6-二（二乙氨基甲基）-4-壬基酚（BDN），再与溴乙烷反应合成双子季铵盐。

反应式如下：

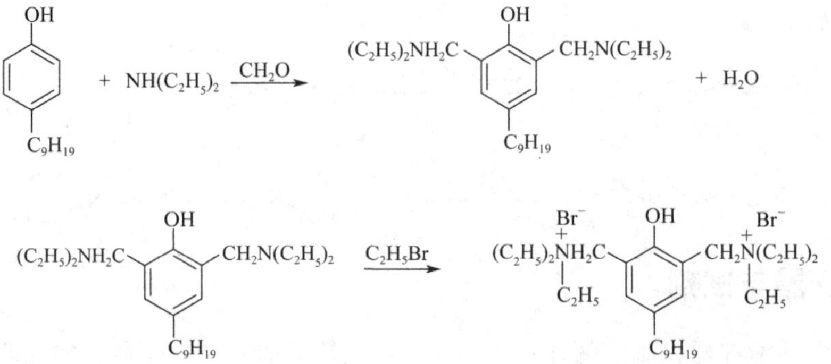

三、仪器与试剂

仪器：四口瓶；滴管；电动搅拌器；玻璃棒；温度计；球形冷凝管；加热套；pH 试纸；旋转蒸发仪；分液漏斗。

试剂：壬基酚；二乙胺；无水乙醇；甲醛；石油醚；氢氧化钠；溴乙烷；乙酸乙酯。

四、实验步骤

1. 2,6-二（二乙氨基甲基）-4-壬基酚的合成　向 100ml 四口瓶中，加入 2.2g（10mmol）的壬基酚、2.5g（35mmol）二乙胺、20ml 无水乙醇，搅拌均匀，20～30℃下，滴加 2ml 35% 甲醛溶液。回流 2h。减压旋蒸，除去乙醇、水和未反应的胺，得黄色黏稠液体。向粗铵中加入 5ml 10%盐酸水溶液，充分搅拌，使季铵完全形成季铵盐酸盐而溶于水。用分液漏斗分出下层水相，水相用 10%氢氧化钠水溶液调节至 pH 8～9。用石油醚萃取 3 次，合并萃取液，水洗，直至水呈中性，旋转蒸发除去石油醚，得 BDN。

2. 双子季铵盐的合成　向圆底瓶中加入 0.1mmol BDN，0.22mmol 溴乙烷和 50ml 无水乙醇，回流反应 1h。除出溶剂，得黏稠液体，冷却至出现大量乳白色固体。粗品用乙酸乙酯重结晶，真空干燥，得白色粉末，计算产率。

五、附注与注意事项

二乙胺为无色液体，强碱性，具有强烈刺激性，能刺激眼、皮肤和排泄系统。操作时应戴防护手套。人体接触后应立即用清水清洗，保存时需要密闭操作。

六、思考题

1. Mannich 反应后处理中加盐酸酸化的目的是什么？分液后再加氢氧化钠的目的又是什么？
2. 选择重结晶溶剂，一般应遵循什么原则？

实验十 聚氧乙烯型阳离子表面活性剂的合成

一、实验目的

1. 熟悉环氧基团的开环反应原理。
2. 掌握聚氧乙烯型阳离子表面活性剂合成的操作步骤。

二、实验原理

阳离子表面活性剂因具有抗静电性、抗菌性和柔软性等特殊功能而被广泛应用。但它与阴离子表面活性剂复配时，由于阴阳离子间强烈的静电作用，使该混合体系浓度超过甚至低于 CMC 时即产生沉淀或发生相分离，特别是当等摩尔混合时。这妨碍了实际应用，使研究仅局限于碳链相对较短的表面活性剂。当阳离子表面活性剂分子中引入环氧乙烷基或 2-羟丙基时，就大大增加了水溶性，使其容易和阴离子表面活性剂复配使用。

本实验使用 AEO9 的脂肪醇聚氧乙烯醚合成亲水性阳离子表面活性剂。

反应式如下：

$$C_{12}H_{25}O(CH_2CH_2O)_9H \ + \ Cl\text{—}\triangle O \xrightarrow{NaOH} C_{12}H_{25}O(CH_2CH_2O)_9CH_2\text{—}\triangle O$$

$$C_{12}H_{25}O(CH_2CH_2O)_9CH_2\text{—}\triangle O \xrightarrow{(CH_3)_3N \cdot HCl} C_{12}H_{25}O(CH_2CH_2O)_9CH_2\underset{OH}{CH}CH_2\overset{+}{N}(CH_3)_3Cl^-$$

三、仪器与试剂

仪器：三口瓶；电动搅拌器；温度计；球形冷凝管；加热套；旋转蒸发仪。

试剂：脂肪醇聚氧乙烯醚（AEO9）；环氧氯丙烷；四丁基溴化铵；氢氧化钠；盐酸；三甲胺盐酸盐。

四、实验步骤

1. **中间体脂肪醇聚氧乙烯基缩水甘油醚的合成** 100ml 三口瓶中，加入 14.6g（25mmol）AEO9，6g 10%氢氧化钠，1.2g（37.5mmol）四丁基溴化铵，4.6g（15mmol）环氧氯丙烷，升温至 80℃，在强烈搅拌下反应 1.5h，停止搅拌分出下层。上层经减压蒸馏蒸出未反应的环氧氯丙烷，计算产率。

2. **季铵盐的合成** 100ml 的三口瓶中，加入 6.4g（10mmol）上述脂肪醇聚氧乙烯基缩水甘油醚，1.2g（12mmol）33%三甲胺盐酸盐，100ml 无水乙醇，用浓盐酸中和至中性，在搅拌下于 70℃反应 1h，蒸出乙醇和水。真空干燥得产品，计算产率。

五、附注与注意事项

三甲胺为无色液体，强碱性，具有强烈刺激性，能刺激眼、皮肤和排泄系统。操作时应戴防护手套。人体接触后应立即用清水清洗，保存时需要密闭操作。本实验可直接用三甲胺盐酸盐。

六、思考题

1. 环氧基团分别在酸性和碱性条件下的开环反应，其产物结构有什么区别？
2. 聚氧乙烯型阳离子表面活性剂有什么特点？

实验十一   全氟辛基磺酰基季铵碘化物的合成

一、实验目的

1. 了解碳氟表面活性剂的应用。
2. 掌握全氟辛基磺酰基季铵碘化物的合成实验步骤。

二、实验原理

碳氟表面活性剂（FS）具有很高的表面活性，在特殊场合应用中发挥出极其重要的作用，是近年来逐步商品化的一种特殊性能的表面活性剂。以氟原子取代碳氢表面活性剂中疏水基团上的氢原子，C—H 键的结构转变为 C—F 键，因此显示出氟碳烃所特有的一些优良性能，同时具备既憎水又憎油的特性，具有碳氢表面活性剂所不及的化学稳定性及热稳定性。

FS 与碳氢表面活性剂的差别主要在于疏水基部分，因此在制备过程中分成两步。首先制备有一定结构的长碳链氟化物，其碳原子数一般在 6～12 个，然后根据其化学性质，与碳氢表面活性剂的制备一样，依次引入连接基及各种亲水基团。

本实验合成全氟辛基磺酰基季铵碘化物（DF-134）。

反应式如下：

$$C_8F_{17}SO_2F + H_2N(CH_2)_3N(CH_3)_2 \longrightarrow C_8F_{17}SO_2HN(CH_2)_3N(CH_3)_2$$

$$C_8F_{17}SO_2HN(CH_2)_3N(CH_3)_2 + CH_3I \longrightarrow C_8F_{17}SO_2HN(CH_2)_3\overset{+}{N}(CH_3)_3I^-$$

三、仪器及试剂

仪器：电动搅拌器；滴管；支口瓶；过滤装置；回流装置；烧杯；干燥箱。

试剂：全氟辛基磺酰氟；二甲氨基丙胺；甲基环己烷；碘甲烷；乙醇；乙醚；二氯甲烷。

四、实验步骤

1. N-全氟辛基磺酰基胺的合成   将 5g（10mmol）全氟辛基磺酰氟在搅拌下，滴加于溶有 2g（20mmol）的二甲氨基丙胺的溶液中，生成黄色固体，继续搅拌 3h。蒸去溶剂，用甲基环己烷充分洗净剩下固体，即得到了 N-全氟辛基磺酰基胺产品。

2. 季铵碘化物的合成   二氯甲烷为溶剂，将 3g N-全氟辛基磺酰基胺与 1.5g（10mmol）碘甲烷混合，加热回流 1h。蒸去溶剂，再将固体溶于乙醇，注入大量的乙醚使之沉淀，充分搅拌洗涤，过滤结晶体，干燥得全氟辛基磺酰基季铵碘化物阳离子表面活性剂。计算产率。

五、附注与注意事项

1. 碘甲烷有较强毒性，应集中回收处理。
2. 二甲氨基丙胺蒸气有毒，使用时必须注意室内通风。

六、思考题

1. 碳氟表面活性剂的制备方法都有哪些?
2. 碳氟表面活性剂有哪些方面的应用?

第三节　非离子型表面活性剂的合成

非离子型表面活性剂在水溶液中不电离，其亲水基主要是由具有一定数量的醚基或羟基等含氧基团构成。非离子型表面活性剂在溶液中不是离子状态，所以稳定性高，不易受强电解质无机盐类存在的影响，也不易受 pH 影响，与其他类型表面活性剂相容性好。非离子型表面活性剂的亲水基，主要是由聚乙二醇基即聚氧乙烯基构成，有的以甘油、季戊四醇、蔗糖、葡萄糖、山梨醇等多元醇为基础的结构。

本节共安排 5 个实验。

实验十二　*N,N*-双羟乙基十二烷基酰胺的合成

一、实验目的

1. 了解烷基醇酰胺类非离子表面活性剂在工业上的应用。
2. 掌握烷基醇酰胺类非离子表面活性剂的合成原理和合成方法。

二、实验原理

N,N-双羟乙基十二烷基酰胺，又名尼诺尔，代号 FFA，为非离子型表面活性剂。烷基醇酰胺为无色或淡黄色黏稠液体，有许多特殊的性质，没有浊点，能使水溶液变稠，具有悬浮污垢的作用，脱脂力强，有一定的抗静电作用，对电解质敏感。本品被广泛用作洗涤剂、钢铁防锈剂、除油脱脂清洗剂及纤维抗静电剂等。

N,N-双羟乙基十二烷基酰胺是由 1mol 月桂酸与 2mol 二乙醇胺在氮气流保护下搅拌加热、脱水缩合而成。反应中有 1mol 二乙醇胺并未化合成酰胺，而是与已形成的酰胺配合，生成可溶于水的配合物。上述产品又称 1 : 2 型烷基醇酰胺。

反应式如下：

$$C_{11}H_{23}COOH + HN(C_2H_4OH)_2 \longrightarrow C_{11}H_{23}CON(C_2H_2OH)_2 + H_2O$$

$$C_{11}H_{23}COOH + 2NH(CH_2CH_2OH)_2 \longrightarrow C_{11}H_{23}\underset{\underset{\underset{H\cdots N(CH_2CH_2OH)_2}{|}}{O}}{C}N(CH_2CH_2OH)_2 + H_2O$$

三、仪器与试剂

仪器：电动搅拌器；旋转黏度计；电热套；四口烧瓶；空气冷凝管；分水器；温度计。
试剂：月桂酸；二乙醇胺；氮气。

四、实验步骤

在装有搅拌器、温度计、空气冷凝管、分水器的 250ml 四口烧瓶中，加入 50g（0.25mol）

月桂酸，52.5g（0.5mol）二乙醇胺。加热到 120℃，通入氮气，继续加热到 160℃，保温
1h。当从分水器中放出反应生成水的量达 4ml 时，即认为反应完成。冷却反应物至室温出
料，计算产率。

五、附注与注意事项

1. 严格按照钢瓶使用方法使用氮气钢瓶。
2. 本反应的温度较高，应注意防火。
3. 氮气流量不宜太大，以冷凝管口看不到气体为适度。

六、思考题

1. 本实验除主反应外，还可能发生哪些副反应？
2. 烷基醇酰胺的用途有哪些？
3. 非离子表面活性剂有哪三大类？它们在结构上有什么不同？
4. 什么情况下使用空气冷凝管？

实验十三　松香聚甘油酯表面活性剂的合成

一、实验目的

1. 了解松香聚甘油酯非离子表面活性剂的应用。
2. 掌握松香聚甘油酯非离子表面活性剂的合成原理和方法。

二、实验原理

松香酸与各种脂肪醇酯化，可得到松香基非离子表面活性剂，如松香十二醇酯、松香
乙二醇酯、松香丙三醇酯。松香和聚甘油合成的松香聚甘油酯，属于多元醇类的非离子表面
活性剂。聚甘油属于低相对分子量的多元醇线型醚类，可作为多元醇与酸酯化。随着甘
油平均聚合度的增加，临界胶束浓度减小，表面张力降低，乳化力增强，润湿力增强。

反应式如下：

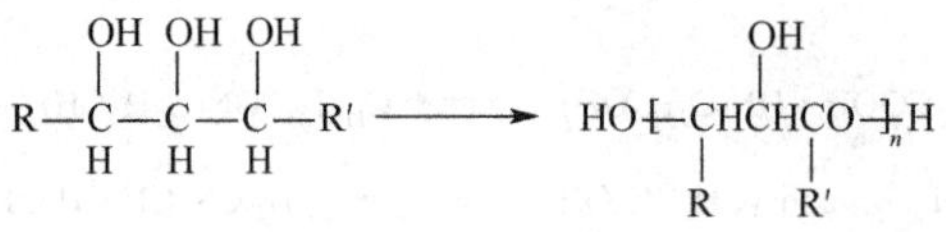

三、仪器与试剂

仪器：电动搅拌器；电热套；三口烧瓶；分水器；温度计。
试剂：甘油；粉状氢氧化钠；氮气；乙酸；氧化锌；松香。

四、实验步骤

1. 聚甘油的合成　在装有分水器、搅拌器、温度计的三口烧瓶中，加入 40g 甘油和 2g
粉状氢氧化钠，通氮气慢慢升温至 250～260℃，反应 3h。在 250～260℃、1.33 kPa 下抽真
空 0.5h，降温至 90～100℃，加乙酸中和至 pH6～7。

2. 松香聚甘油酯的合成 在酯化反应器中，加入 20g 聚甘油和 1.6g 氧化锌催化剂，慢慢升温至 240℃。按松香∶甘油摩尔比为 1∶1 称量松香，在 1.5～2h 内，分次加入到反应器中。反应过程中通氮气去除生成的水，反应 2h。在 240～250℃、1.33kPa 下抽真空 0.5h，降温出料得到松香聚甘油酯。计算产率。

五、附注与注意事项

1. 严格按照钢瓶使用方法使用氮气钢瓶。
2. 本反应的温度较高，应注意防火。

六、思考题

1. 聚甘油相对分子质量对其性质有哪些影响？
2. 反应为什么要除水，不除水会有什么影响？

实验十四 水性聚氨酯表面活性剂的制备

一、实验目的

1. 了解水性聚氨酯表面活性剂在工业上的应用。
2. 掌握水性聚氨酯表面活性剂的合成原理和合成方法。

二、实验原理

许多水溶性聚合物，由于具有两亲性分子结构和表面活性，近年来已发展成一类新型的非离子型表面活性剂；这种高聚物表面活性剂在降低表面张力的同时可提高溶液的浓度，具有增稠、乳化、增溶等优良性能，因此可应用于日用化工、医药、食品等领域。

采用甲苯-2,4-二异氰酸酯、蓖麻油和聚乙二醇等为主要原料，通过逐步聚合得到水性聚氨酯表面活性剂。优化合成工艺为，蓖麻油∶TDI∶PEG 4000=1∶9∶11，依次加入蓖麻油、TDI、PEG。随着 PEG 相对分子质量的增加，非离子水性聚氨酯表面活性剂的表面活性逐渐下降。

反应式如下：

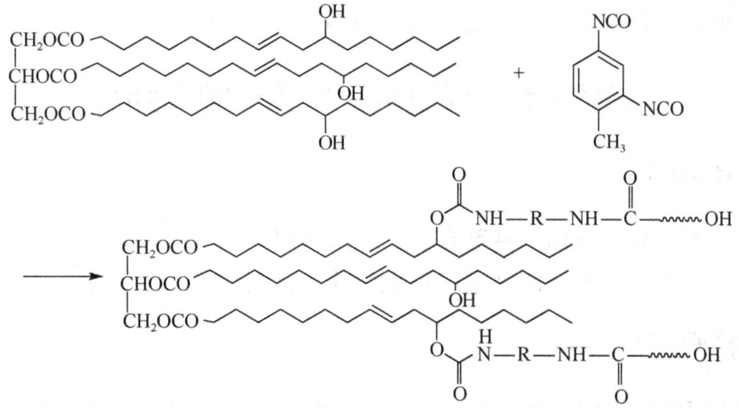

三、仪器与试剂

仪器：电动搅拌器；黏度计；电热套；四口烧瓶；温度计；蒸馏瓶。

试剂：聚乙二醇（PEG 4000）；丙酮；蓖麻油；甲苯-2,4-二异氰酸酯（TDI）；二月桂酸二正丁基锡（DBT）。

四、实验步骤

1. **试剂准备**　聚乙二醇，使用前在 110~120℃、真空度 0.09MPa 条件下脱水 2.5~3h；丙酮，使用前采用 4Å 分子筛脱水处理。

2. **反应操作**　装有搅拌器、温度计、带干燥管的冷凝管的 250ml 四颈烧瓶中，加入准确称量的 9.93g（10mmol）蓖麻油，100ml 丙酮，1g 催化剂 DBT，开动搅拌。将 15.9g（90mmol）TDI 在 30min 内缓慢滴加到反应体系中，搅拌下逐渐升温至 75℃。保温反应 2.5h，加入 20g PEG4000，继续反应 30min，结束反应。将上述反应产物置于蒸馏瓶中，蒸馏回收丙酮后，得到棕黄色透明黏稠液体产品。计算产率。

五、附注与注意事项

1. 如果采用一边搅拌，一边往蓖麻油等羟基化合物的丙酮溶液中滴加 TDI，最后加入 PEG 4000，则得到的非离子水性聚氨酯表面活性剂产品综合性能较好。

2. 随着蓖麻油用量的增加，产品黏度随之增加，在其他条件相同的情况下，蓖麻油的脂肪链虽能增加聚氨酯制品的柔顺性，但作为憎水链段，蓖麻油的量增加到一定程度后，会影响产品的水溶性能。蓖麻油与 TDI 的摩尔比控制在 1:9 左右比较适宜。

3. PEG 用量的减少会严重影响聚氨酯的水溶性，因为聚氧乙烯链段作为软链段与端基（—OH）能与水结合生成氢键。

4. 随着 PEG 相对分子质量的增大，制得的非离子水性聚氨酯表面活性剂产品的黏度迅速增大，产品的流动性、热稳定性和水溶性等性能变差。

六、思考题

1. 为什么随着 PEG 相对分子质量的增加，制得的非离子水性聚氨酯表面活性剂的表面活性逐渐下降？

2. 为什么要采用依次加入蓖麻油、TDI、PEG 的加料方式？

实验十五　反应型表面活性剂的制备

一、实验目的

1. 了解反应型非离子表面活性剂在工业上的应用。
2. 掌握反应型非离子表面活性剂的合成原理和合成方法。

二、实验原理

多元醇和乙醇胺等常作制备含羟基非离子表面活性剂的起始原料。本实验制备一类反应型表面活性剂，将其作为流滴剂与聚乙烯接枝，制备具有长效流滴性能的农用棚膜材料，以解决物理掺混方法的流滴剂易迁移、易流失和棚膜流滴期短的难题，具有特定的应用背景和实际应用价值。

以丙烯酸与硬脂酸单甘油酯（GMS）为起始原料，对甲苯磺酸为催化剂，对苯二酚为阻聚剂，制备含有 1-烯键的反应型表面活性剂。

反应式如下：

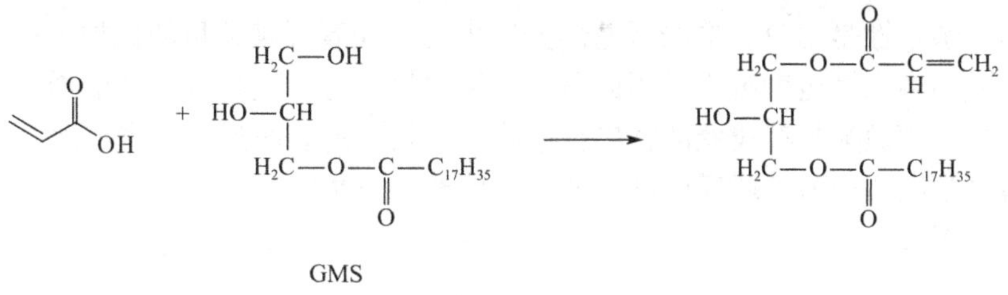

GMS

三、仪器与试剂

仪器：磁力搅拌器；三口烧瓶；恒压漏斗；电热套；分液漏斗；滴液漏斗；分水器。
试剂：硬脂酸单甘油酯（GMS）；丙烯酸；甲苯；对甲苯磺酸及对苯二酚。

四、实验步骤

在装有磁力搅拌器的 250ml 三口烧瓶中，装上分水装置和滴液漏斗，加入 10.7g（30mmol）硬脂酸单甘油酯、30ml 甲苯、2g 催化剂对甲苯磺酸、0.2g 阻聚剂对苯二酚，溶解形成均相后用恒压漏斗滴加 2.16g（30mmol）丙烯酸。滴加完后迅速升温至 100～110℃。保温反应 3h，由分水器分出的水观察反应进行的程度。反应完毕后，将反应物倒入氯仿与饱和食盐水的混合液（体积比为 3∶1）中，转移到分液漏斗中振荡使之分层，除去催化剂、阻聚剂和未反应的丙烯酸。将下层有机相减压蒸馏除去氯仿和甲苯，得到目标产物。计算产率。产率一般在 80%以上。

五、附注与注意事项

1. 除了磁力搅拌，也可使用机械搅拌。
2. 分水装置的安装要小心，注意整个反应装置的协调。

六、思考题

1. 本实验除了对甲苯磺酸，还可以使用什么作为催化剂?
2. 本实验除了对苯二酚，还可以使用什么作为阻聚剂?

实验十六　脂肪酸蔗糖酯非离子表面活性剂的合成

一、实验目的

1. 了解脂肪酸蔗糖酯非离子表面活性剂在工业上的应用。
2. 熟悉超声波反应装置的工作原理和使用方法。
3. 掌握脂肪酸蔗糖酯非离子表面活性剂的合成原理和合成方法。

二、实验原理

绿色化学的一个重要基本原则就是选择可再生资源代替非再生资源作为化学物质合成反应的起始原料。脂肪酸蔗糖酯作为一种蔗糖衍生物，是一类安全、无毒、无刺激、无污染、稳定性好、可代谢并可完全生物降解的绿色非离子型表面活性剂，已经被广泛应用于食品工业、日用化工、医药工业等领域。

蔗糖酯的亲水性是由分子中的羟基部分提供的，随着羟基数目的增加，形成的氢键数目也越多，因而亲水性也就越大，因此单酯的亲水性最好。随着烷基链的增长，产品的疏水性相应增加。蔗糖酯具有较低的临界胶束浓度、较高的表面活性和亲水性。

本实验以蔗糖和辛酸乙酯反应制备辛酸蔗糖酯（SE8）。

反应式如下：

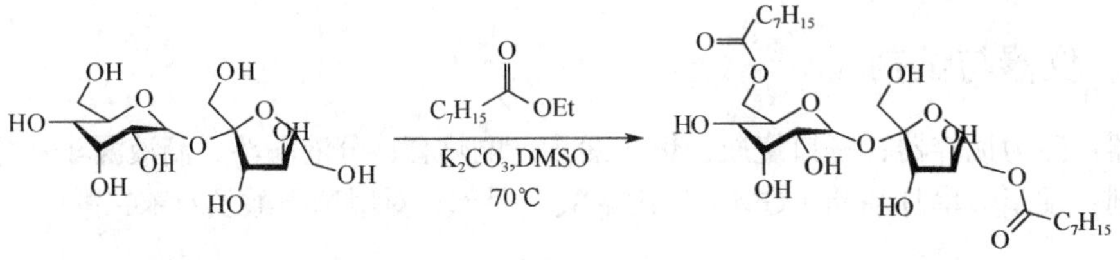

三、仪器与试剂

仪器：超声清洗器；具塞三角瓶。

试剂：蔗糖；辛酸乙酯；二甲亚砜；乙酸乙酯；无水碳酸钾；无水硫酸钠；氯化钠。

四、实验步骤

在干燥的具塞三角瓶中，加入 3.42g（10mmol）碾细的蔗糖、0.9g（0.65mmol）无水 K_2CO_3 和 6ml DMSO。待蔗糖完全溶解后，加入 1ml（0.87g，5mmol）辛酸乙酯，于 70℃反应 2h（反应温度通过超声仪的温度设定和循环水的方法控制，误差为±2~3℃；体系压力 11kPa 下于功率为 100W、工作频率为 40kHz 的超声清洗器中超声）。减压回收大部分溶剂，将蒸馏残渣在搅拌下溶解于 25%的氯化钠溶液和正丁醇的混合液中[氯化钠溶液：正丁醇=1：1（体积比）]，分液，有机相用少量水洗 2 次。无水 Na_2SO_4 干燥。除溶剂，剩余物用乙酸乙酯洗涤 2 次后，45℃真空干燥至恒重，得白色蜡状固体 SE8。计算产率。

五、附注与注意事项

1. 此反应为酯交换反应，反应溶剂应做除水处理。
2. 超声反应前，应充分熟悉超声清洗器的使用方法。

六、思考题

1. 为什么 SE8~SE16 随烷烃直链变长，润湿性能变差？
2. 绿色化学的内涵和意义是什么？
3. 蔗糖酯表面活性剂的特点有哪些？

第四节　两性表面活性剂的合成

两性表面活性剂主要依据其阳离子结构来分类。通常分为两性咪唑啉型、甜菜碱型、氨基酸型、卵磷脂型（α 磷脂酸胆碱）。

两性表面活性剂同时携带正负离子电荷，其表面活性离子的亲水基既具有阴离子部分，又具有阳离子部分。这类表面活性剂具有极好的耐硬水性、耐高浓度电解质性、生物降解性、柔软性、抗静电性、乳化性、分散性、润湿性和发泡性，有一定的杀菌性和抑霉性，可以和几乎所有其他类型的表面活性剂配伍。

本节共安排了 4 个实验。

实验十七　十二烷基二甲基氧化胺的合成

一、实验目的

1. 了解氧化胺类两性表面活性剂的应用。
2. 掌握氧化胺类两性表面活性剂的合成原理和合成方法。

二、实验原理

十二烷基二甲基氧化胺是叔胺氧化生成的氧化胺，分子中含有基团＝N——O，可与水形成氢键，该基团构成了氧化胺类表面活性剂的亲水基。氧化胺与各类表面活性剂有良好的配伍性。它是低毒、低刺激性、易生物降解的产品。在配方产品中，具有良好的发泡性、稳泡性和增稠性能。常被用来代替尼诺尔用于香波、浴剂、餐具洗涤剂等产品中。

氧化胺产品的工业生产目前基本上都采用双氧水氧化叔胺的合成工艺路线，反应过程中双氧水过量，反应后用亚硫酸钠将其除去，由于双氧水及氧化胺对铁等某些金属离子比较敏感，合成过程中体系中常加入少量螯合剂。

反应温度通常控制在 60～80℃。由于产品的水溶液在高浓度时能形成凝胶，所以，其水溶液产品的活性物质分数控制在 35% 以下，加入异丙醇可以使产品的浓度更高一些。产品为无色或微黄色透明体，1% 水溶液的 pH 为 6～8，游离氨不高于 1.5%。

反应式如下：

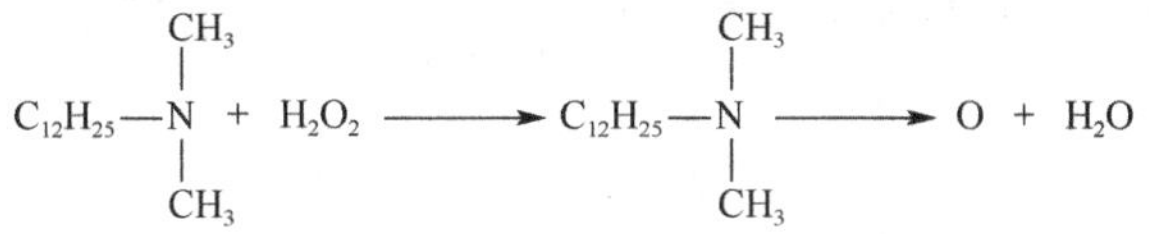

$$C_{12}H_{25}-\underset{\underset{CH_3}{|}}{\overset{\overset{CH_3}{|}}{N}} + H_2O_2 \longrightarrow C_{12}H_{25}-\underset{\underset{CH_3}{|}}{\overset{\overset{CH_3}{|}}{N}} \longrightarrow O + H_2O$$

三、仪器与试剂

仪器：四口烧瓶；球形冷凝管；温度计；滴液漏斗。

试剂：十二烷基二甲基胺；双氧水；异丙醇；柠檬酸；亚硫酸钠。

四、实验步骤

将搅拌器、回流冷凝管、温度计、滴液漏斗和 250ml 的四口烧瓶连成反应装置。加入 21.3g 十二烷基二甲基胺、0.3g 柠檬酸，开动搅拌器。经滴液漏斗缓慢滴加 13.6g 30% 双氧水。开启搅拌并升温到 60℃，于 40min 内将双氧水均匀滴入反应体系。然后将反应物升温至 80℃，回流反应 2h。降温到 40℃时，加入 2.0g 亚硫酸钠，搅拌均匀后出料。计算产率。

五、附注与注意事项

1. 双氧水对皮肤有腐蚀性，切勿溅到手上。
2. 双氧水滴加过快或滴加时反应温度低，易产生积累，使反应不平稳，容易造成逸料。
3. 如果在反应过程中，体系黏度不断增加，当搅拌情况不好时，可将 12ml 水和 12ml 异丙醇混合物加入搅拌均匀。

六、思考题

1. 典型的氧化胺类表面活性剂有哪些？
2. 举例说明氧化胺的主要用途。

实验十八　咪唑啉型两性表面活性剂的合成

一、实验目的

1. 了解咪唑啉型两性表面活性剂的性能和使用。
2. 掌握咪唑啉型两性表面活性剂的合成方法。

二、实验原理

咪唑啉型衍生物是两性表面活性剂中性能较好、应用广泛的表面活性剂，有羧酸盐型、磺酸盐型、磷酸酯盐型、油酸基硫酸酯盐型等。

本实验以油酸和 N-（2-羟乙基）乙二胺为原料，经两次脱水环化得到 1-羟乙基-2-油酸基咪唑啉型中间体（1），（1）与氨基磺酸反应得到咪唑啉型硫酸酯盐型两性表面活性剂（2）。用于山羊服装革的加工中，可使皮革丰满、柔软、有弹性，具有良好的加脂效果。

反应式如下：

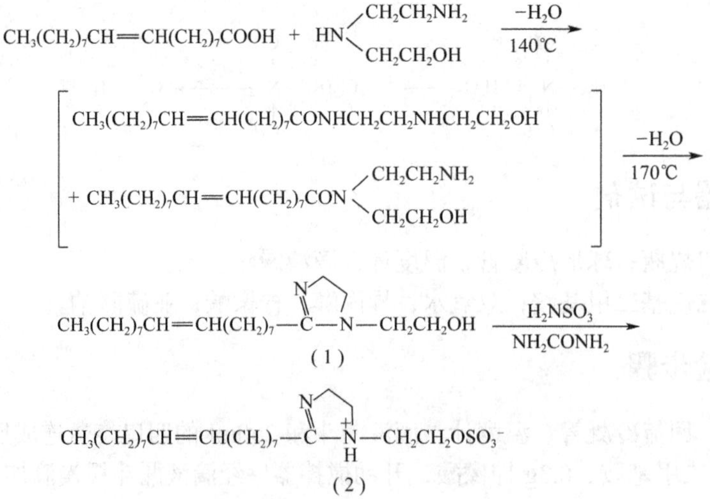

$$CH_3(CH_2)_7CH{=}CH(CH_2)_7COOH + HN\overset{CH_2CH_2NH_2}{\underset{CH_2CH_2OH}{}} \xrightarrow[140℃]{-H_2O}$$

$$\left[\begin{array}{l}CH_3(CH_2)_7CH{=}CH(CH_2)_7CONHCH_2CH_2NHCH_2CH_2OH\\ + CH_3(CH_2)_7CH{=}CH(CH_2)_7CON\overset{CH_2CH_2NH_2}{\underset{CH_2CH_2OH}{}}\end{array}\right] \xrightarrow[170℃]{-H_2O}$$

$$CH_3(CH_2)_7CH{=}CH(CH_2)_7{-}C{\cdots}N{-}CH_2CH_2OH \xrightarrow[NH_2CONH_2]{H_2NSO_3}$$
（1）

$$CH_3(CH_2)_7CH{=}CH(CH_2)_7{-}C{\cdots}\overset{+}{N}H{-}CH_2CH_2OSO_3^-$$
（2）

三、仪器与试剂

仪器：三口烧瓶；加热套；搅拌装置；滴液漏斗；油水分离器。

试剂：*N*-（2-羟乙基）乙二胺；二甲苯；油酸；氨基磺酸。

四、实验步骤

1. 1-羟乙基-2-油酸基咪唑啉型中间体（1）的合成　三口烧瓶中加入 12.5g（0.12 mol）*N*-（2-羟乙基）乙二胺及 20ml 二甲苯，加热至 100℃，搅拌下滴加 28g（0.10 mol）油酸，15min 滴完。换上油水分离器，在 140℃和 170℃，共反应 2h，不断分出反应生成的水。反应温度降至 100℃，改为减压蒸馏并逐步升温，蒸出二甲苯和过量的胺，得棕黄色油状物中间体（1）。

2. 咪唑啉型硫酸酯盐（2）的合成　取 17.5g（0.05mol）中间体（1）于烧杯中，加入 7.3g（0.075mol）粉末状的氨基磺酸、3.5g 尿素，搅拌均匀，95～100℃保温搅拌 1h。反应混合物逐渐变成膏状透明物，最终产物为透明的棕黄色膏状物，计算产率。

五、附注与注意事项

1. 氨基磺酸与咪唑啉型中间体的摩尔比为 1：1 时，反应不完全，影响产物的透明度、黏度，且残余的咪唑啉型中间体使产品性能变差。

2. 实验中确定的氨基磺酸与咪唑啉型中间体的摩尔比为 1.5：1。用尿素作催化剂可使反应时间缩短、产物色泽变浅，对产物性能无不良影响。

六、思考题

1. 氨基磺酸的用量对 1-羟乙基-2-油酸基咪唑啉型的硫酸化反应有何影响？

2. 表面活性剂的活性可以通过什么表征？

实验十九　硼酸酯型两性表面活性剂的制备

一、实验目的

1. 了解硼酸酯型表面活性剂的性能和用途。

2. 掌握硼酸酯两性表面活性剂（REAB）的制备方法。

二、实验原理

硼酸酯型表面活性剂沸点高、不挥发、高温下极稳定，具无毒、无腐蚀性和阻燃性，可用作气体干燥剂、润滑油、压缩机工作介质的添加剂，还可用作聚氯乙烯、聚乙烯、聚丙烯酸甲酯等的抗静电剂，以及许多物质的分散剂和乳化剂等。

本实验以 1-溴代正十二烷与二乙醇胺烷基化合成 *N,N*-二羟乙基十二烷基胺（REA），再与硼酸酯化得到硼酸酯两性表面活性剂（REAB）。该表面活性剂在 pH 6.6～9.1 范围内显示两性特征，在 pH 5～11 范围内表面活性优良。

反应式如下：

$$C_{12}H_{25}Br + HN\begin{matrix}CH_2CH_2OH\\CH_2CH_2OH\end{matrix} \xrightarrow[Na_2CO_3]{C_2H_5OH} C_{12}H_{25}-N\begin{matrix}CH_2CH_2OH\\CH_2CH_2OH\end{matrix}$$
(REA)

$$C_{12}H_{25}-N\begin{matrix}CH_2CH_2OH\\CH_2CH_2OH\end{matrix} + H_3BO_3 \longrightarrow C_{12}H_{25}-N\begin{matrix}CH_2CH_2O\\CH_2CH_2O\end{matrix}B-OH$$
(REAB)

三、仪器与试剂

仪器：回流装置；三口烧瓶；布氏漏斗；抽滤瓶；油水分离器；加热套；搅拌装置。
试剂：1-溴代正十二烷；二乙醇胺；无水乙醇；硼酸；甲苯。

四、实验步骤

1. **N,N-二羟乙基十二烷基胺（REA）的合成** 在具有搅拌和回流装置的三口烧瓶中，加入 12.4g（0.05mol）1-溴代正十二烷、5.25g（0.05mol）二乙醇胺和 30ml 无水乙醇，再加入 5.03g（0.05mol）无水碳酸钠，加热回流反应 2h。过滤除去残余固体，先常压蒸馏除去溶剂乙醇，再减压蒸馏除去未反应的原料，得淡黄色黏稠液体 REA 24.8g，收率 90%。

2. **硼酸酯型两性表面活性剂（REAB）的合成** 在带有氮气保护和油水分离器的反应器中，加入 3.1g 硼酸，13.6g REA，50ml 甲苯。开动搅拌，加热回流。直至出水量达到 0.9ml 结束反应，反应时间 3h。减压蒸出溶剂甲苯，得淡黄色透明黏稠液体，溶于适量无水乙醇中，过滤，蒸馏除去滤液中的乙醇，80℃真空干燥，得无色黏稠透明液体 REAB 产品 14.4g，收率 96%。

五、附注与注意事项

分水器宜采用总体积不大于 5ml 的微量分水器。

六、思考题

1. REA 的合成过程中加入碳酸钠的目的是什么？
2. 如不用氮气保护，可能对实验结果产生怎样的影响？

实验二十 磷酸酯型表面活性剂的合成

一、实验目的

1. 了解磷酸酯两性表面活性剂研究新动态。
2. 掌握磷酸酯两性表面活性剂的合成方法和实验步骤。

二、实验原理

磷酸酯型两性表面活性剂可作为柔软剂、抗静电剂、螯合剂及消毒杀菌剂使用。
本实验以溴代十二烷和乙醇胺为原料，反应后用五氧化二磷为磷化剂，最后经水解合成得到磷酸酯型两性表面活性剂 N-十二烷基羟乙基铵磷酸酯（AS-2）。
反应式如下：

$$C_{12}H_{25}Br + H_2NCH_2CH_2OH \xrightarrow[K_2CO_3]{EtOH} C_{12}H_{25}\overset{+}{N}H_2CH_2CH_2OHBr^-$$

$$C_{12}H_{25}\overset{+}{N}H_2CH_2CH_2OHBr^- \xrightarrow[2.\ H_3O^+]{1.\ P_2O_5} C_{12}H_{25}\overset{+}{N}H_2CH_2CH_2O\overset{\overset{\displaystyle O}{\|}}{\underset{\underset{\displaystyle O^-}{|}}{P}}-H$$

三、仪器与试剂

仪器：三口烧瓶；搅拌装置；加热套；回流装置；搅拌装置；烧杯；分液漏斗。
试剂：溴代十二烷；乙醇胺；85%的磷酸；四氢呋喃；五氧化二磷；乙醚。

四、实验步骤

1. 烷基化反应　250ml 三口烧瓶中，加入 24ml（0.05mol）的溴代十二烷，3.0ml（0.05mol）乙醇胺，25ml 无水乙醇，搅拌溶解。加入 10.6g（0.1mol）的无水碳酸钠。加热回流，搅拌反应 3h。过滤除去残余固体，旋蒸除去低沸点组分，再减压蒸馏得到 N-十二烷基乙醇胺。

2. 磷酸化反应　三口烧瓶中加入 2.29g（0.01mol）的上述产物，1ml 85%的磷酸和 30ml 四氢呋喃，在搅拌下加入五氧化二磷 2.04g。加热，回流反应 3h。加 2ml 水，室温下搅拌水解 1h，旋蒸回收四氢呋喃。所得产物用适量水溶解后，用乙醚萃取 3 次，蒸馏除去乙醚，得到磷酸酯表面活性剂。

五、附注与注意事项

1. 为使反应完全，有条件时，烷基化反应和酯化反应时间应分别在 8h 左右。
2. 酯化反应后，得到的是单酯、二酯、聚磷酸酯、无机盐及未反应的原料，应纯化处理。

六、思考题

将乙醇胺换为二甲基乙醇胺或二丁基乙醇胺，试写出最后产物结构式及名称。

第五节　高分子表面活性剂的合成

相对分子质量在数千以上且具有表面活性的物质称为高分子表面活性剂。高分子表面活性剂广泛用于强化采油、药物控缓释、生物模拟、聚合物 LB 膜、医用高分子材料、乳液聚合等领域。

早先使用的高分子表面活性剂有各种淀粉、天然海藻酸钠、纤维素及其衍生物。后来，聚十二烷基-4-乙烯吡啶溴化物（聚皂，polysoap）、聚氧乙烯聚氧丙烯嵌段聚合物（pluronics）等相继出现。高分子表面活性剂具有以下特点：①渗透能力差，可形成单分子胶束或多分子胶束；②溶液黏度高，成膜性好；③有很好的分散、乳化、增稠、稳定及絮凝等性能，起泡性差，常作为消泡剂；④低毒或无毒，具有环境友好性；⑤表面活性较弱，且随相对分子质量的升高急剧下降，当疏水基上引入氟烷基或硅烷基时，其表面活性显著增强。

与普通表面活性剂相似，高分子表面活性剂也可以分为阴离子型、阳离子型、两性型和非离子型。

本节共安排 4 个实验。

实验二十一　可聚合聚氨酯表面活性剂的合成

一、实验目的

1. 了解高分子表面活性剂的性能和应用。
2. 掌握可聚合聚氨酯高分子表面活性剂的合成方法。

二、实验原理

聚氨酯类高分子表面活性剂由于其所具备的生物相容性和分子结构易于调控等优点而备受青睐。

本实验以带端乙烯基的聚氧乙烯醚（聚醚 F-6）与甲苯二异氰酸酯（TDI）为主要原料，合成带有双键的可聚合非离子型聚氨酯高分子表面活性剂。这种双键位于亲水链端的可聚合表面活性剂，在制备疏水缔合型驱油剂的研究中发挥重要作用。

反应式如下：

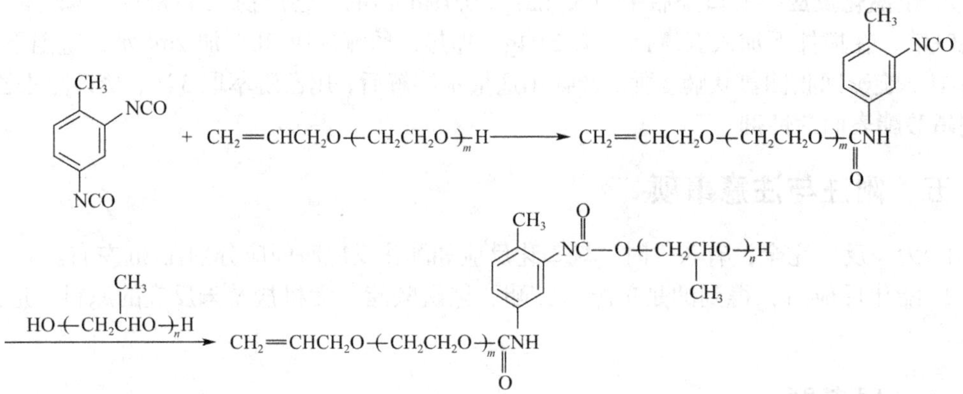

三、仪器与试剂

仪器：三口烧瓶；搅拌装置；加热套；滴液漏斗。
试剂：聚醚 F-6；聚醚 N-210；二月桂酸二丁基锡；甲苯二异氰酸酯（TDI）。

四、实验步骤

向装有搅拌器、温度计的三口烧瓶中，加入 10g 聚醚 F-6，开动搅拌器，加热至 80℃。加入 5g（0.1mol）二月桂酸二丁基锡作催化剂，滴加 2g（0.1mol）TDI。反应 1h 后，再加入 5g 聚醚 N-210，继续反应 2h。冷却至室温，加入适量蒸馏水，搅拌 0.5h，得可聚合非离子型聚氨酯高分子表面活性剂。

五、附注与注意事项

仪器使用前要干燥，使用后及时清洗干净，烘箱烘干。

六、思考题

1. 表面活性剂随疏水组分含量的增加，临界胶束浓度下降，表面活性逐渐升高，试分析各自的原因。

2. 与普通高分子表面活性剂相比，本实验所合成的可聚合非离子型聚氨酯高分子表面活性剂具有哪些优缺点？

实验二十二　纤维素基表面活性剂的合成

一、实验目的

1. 了解天然高分子表面活性剂的性能和用途。
2. 掌握纤维素基高分子表面活性剂的制备方法。

二、实验原理

天然高分子类表面活性剂具有增稠、分散、乳化、增溶、成膜和保护胶体等性能，而且还具有良好的可生物降解性、使用安全性、环境相容性和丰富的原材料来源。

纤维素基高分子表面活性剂的合成，大多以水溶性纤维素衍生物为起始原料，通过引入疏水链提高表面活性。将水溶性纤维素如羧甲基纤维素、羟乙基纤维素及纤维素硫酸酯等，与长链烷基酰氯等进行疏水改性。由于反应为非均相，致使得到的纤维素衍生物取代度有限且分布不均一。

本实验以纤维素棕榈酰酯为原料，在 N,N-二甲基甲酰胺中溶胀，以氯磺酸为磺化试剂，再进行亲水改性，制备了两亲性纤维素基高分子表面活性剂。

反应式如下：

$$m=280$$

三、仪器与试剂

仪器：三口烧瓶；搅拌装置；烧杯；砂型漏斗；量筒。

试剂：纤维素棕榈酰酯；N,N-二甲基甲酰胺（DMF）；氢氧化钠；氯磺酸。

四、实验步骤

将 2.0g 纤维素棕榈酰酯溶于 50ml DMF 溶胀 24h（预先完成），加入到 N_2 保护下加有 5ml 的氯磺酸的反应瓶中，缓慢升温到 50℃，保温搅拌 1h，得到发黄的混合物。冷却降温。冰水浴中，用 10%氢氧化钠中和到 pH 7。砂型漏斗过滤，用 80%乙醇洗涤 3 次。50℃真空干燥 1h，得产品。计算产率。

五、附注与注意事项

纤维素棕榈酰酯务必要充分溶胀后才可进行下一步实验。

六、思考题

1. 纤维素棕榈酰酯硫酸钠的表面活性与什么有关？

2. 举例说明纤维素棕榈酰酯硫酸钠在生活和生产中的应用。

3. 列举不少于 5 种天然高分子表面活性剂。

实验二十三　聚乙烯醇的制备

一、实验目的

1. 掌握聚乙烯醇水解法的原理。
2. 掌握聚乙烯醇制备的反应操作。

二、实验原理

聚乙烯醇是一种重要的高分子原料，又是一种高分子表面活性剂。它是由聚乙酸乙烯酯（PVAc）在酸或碱的作用下醇解而成。在碱催化下的醇解，根据是否含水可分为湿法（高碱）和干法（低碱）两种。湿法是指在原料中含有 1%～2%的水，碱也配成水溶液。干法是指原料中不含水，碱也用甲醇溶解。干法碱的用量少、产物杂质少，但反应速度慢。

本实验采用干法醇解聚乙酸乙烯酯合成聚乙烯醇。

反应式如下：

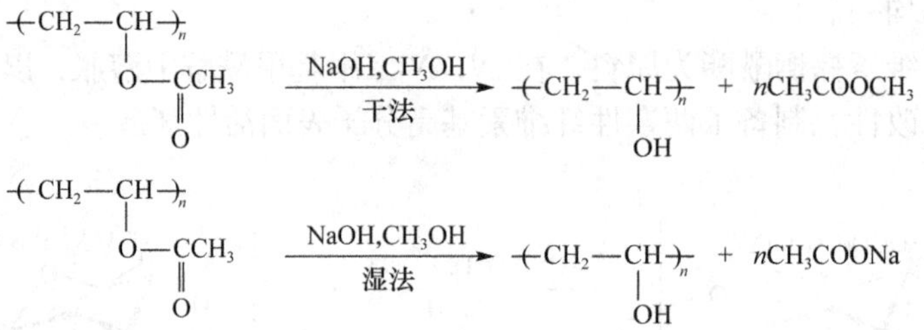

$$\text{+CH}_2\text{—CH+}_n \xrightarrow[\text{干法}]{\text{NaOH,CH}_3\text{OH}} \text{+CH}_2\text{—CH+}_n + n\text{CH}_3\text{COOCH}_3$$

$$\text{+CH}_2\text{—CH+}_n \xrightarrow[\text{湿法}]{\text{NaOH,CH}_3\text{OH}} \text{+CH}_2\text{—CH+}_n + n\text{CH}_3\text{COONa}$$

三、仪器与试剂

仪器：四颈烧瓶；搅拌器；冷凝管；滴液漏斗；滴管；恒温水浴锅。
试剂：聚乙酸乙烯酯；氢氧化钠；甲醇；盐酸；甲醛溶液；氨水。

四、实验步骤

在装有搅拌器、冷凝管、温度计和滴液漏斗的四颈烧瓶中，加入 50ml 6%氢氧化钠甲醇溶液，室温下缓慢滴加 20ml 25%的聚乙酸乙烯酯甲醇溶液，约在 1h 内滴完。继续在室温下搅拌反应 2h，停止反应。抽滤，沉淀用 95%乙醇洗涤 3 次。于 50℃下真空干燥。计算产率。

五、附注与注意事项

甲醇溶液不能直接排到下水道，应集中回收。

六、思考题

1. 在 PVAc 醇解反应中为什么会出现凝胶？它对醇解有什么影响？
2. 影响 PVAc 醇解度的因素有哪些？如何才能获得高醇解度的产品？

3. 醇解反应发生过程中体系转变成非均相，它将怎样影响随后的醇解反应？

实验二十四　月桂醇聚氧乙烯醚的合成

一、实验目的

1. 了解月桂醇聚氧乙烯醚的性质和用途。
2. 掌握月桂醇聚氧乙烯醚的合成原理和合成方法。

二、实验原理

月桂醇聚氧乙烯醚又称聚氧乙烯十二醇醚，代号 AE，属非离子型表面活性剂，由亲水基原料环氧乙烷与疏水基原料月桂醇经加成反应制备，具有低泡、能用于低温洗涤、生物降解性好、价格低廉等特点，可用于配制家用和工业用洗涤剂，也可作为乳化剂、匀染剂等。

高碳醇在碱催化剂存在下和环氧乙烷的反应，不同的反应温度反应机理不同。当反应温度在 130～190℃时，尽管催化剂不同，反应速度也没有明显差异。当温度低于 130℃时，反应速度随催化剂有如下顺序，烷基醇钾＞丁醇钠＞氢氧化钾＞烷基醇钠＞乙醇钠＞甲醇钠＞氢氧化钠。

反应式如下：

$$C_{12}H_{25}OH + n\ H_2C\overset{\diagdown}{\underset{O}{}}\overset{\diagup}{}CH_2 \longrightarrow C_{12}H_{25}-O(CH_2CH_2O)nH$$

三、仪器与试剂

仪器：电动搅拌器；电热套；四口烧瓶；球形冷凝管；温度计。
试剂：月桂醇；环氧乙烷；氢氧化钾；氮气；冰醋酸；过氧化氢。

四、实验步骤

取 46.5g（0.25mol）月桂醇、0.2g 氢氧化钾加入四口烧瓶中，将反应物加热至 120℃，通入氮气置换空气。然后升温至 160℃，搅拌下滴加 44g（1mol）液体环氧乙烷，在 1h 内加完。保温反应 3h。冷却反应物至 80℃时放料，用冰醋酸中和至 pH 6，再加入反应物质量分数为 1%的过氧化氢，搅拌 0.5h 后出料。计算产率。

五、附注与注意事项

1. 本反应是放热反应，应注意控制反应温度。
2. 取用液体环氧乙烷时，可将玻璃瓶装环氧乙烷放于冰箱中冷却后再称量。
3. 碱催化剂可用金属钠、甲醇钠、乙醇钠、异丙醇钠、丁醇钠、氢氧化钾、氢氧化钠等。

六、思考题

1. 脂肪醇聚氧乙烯醚类非离子表面活性剂有哪些主要性质？
2. 脂肪醇聚氧乙烯醚类非离子表面活性剂用于洗涤剂工业是利用哪些性质？

第三章

天然表面活性剂提取与改性实验

第一节　从植物体中提取表面活性剂

　　天然表面活性剂多来自于动植物体中，是经提取、分离和精制而得的高分子化合物，如甾醇、皂苷类和蛋白质等。这类物质不仅因其独特的分子结构具有较强的表面活性，而且还具有无毒副作用、无刺激、易生物降解、安全性能高和配伍性能好等特点，在医药、食品及化妆品等领域内呈现出很高的开发价值和巨大的应用前景。随着人们对表面活性剂的要求趋于多样化和对环境友好型材料需求的不断增加，可生物降解和具有生物相容性的天然表面活性剂及其改性产物越来越受到人们的重视。

　　本节共安排 5 个实验，分别介绍大豆磷脂、海藻酸钠、茶皂素、植物甾醇和大豆分离蛋白等天然表面活性剂的提取方法。

实验二十五　大豆中磷脂的提取

一、实验目的

1. 了解大豆磷脂的组成。
2. 掌握从大豆油脚中提取磷脂的提取原理和方法。
3. 掌握大豆磷脂的定性与定量分析原理和方法。

二、实验原理

　　大豆磷脂是从大豆油脚（油脂精炼后分出的残渣）中提取出的含量最丰富的一类活性成分，也是人类变废为宝、合理利用的绿色产物。大豆磷脂是一种常见的天然表面活性剂，具有较强的乳化、润湿和分散作用，在药品和食品工业中应用广泛。

　　大豆磷脂的组成成分较复杂，主要由卵磷脂（磷脂酰胆碱，PC）、脑磷脂（磷脂酰乙醇胺，PE）、肌醇磷脂（磷脂酰肌醇，PI）、丝氨酸磷脂（PS）、磷脂酸（PA）等组成。结构式如下所示，其中不同的 X 构成不同的磷脂。

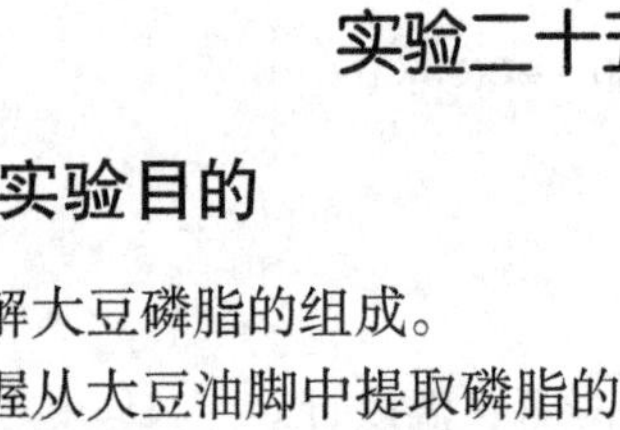

大豆磷脂的结构通式

X=—H	磷脂酸
X=—CH$_2$CH(OH)CH$_2$OH	磷脂酰甘油
X=—CH$_2$CH$_2$N(CH$_3$)$_3$	磷脂酰胆碱
X=—CH$_2$CH$_2$NH$_3$	磷脂酰胆胺
X=—CH$_2$CH(NH$_2$)COOH	磷脂酰丝氨酸

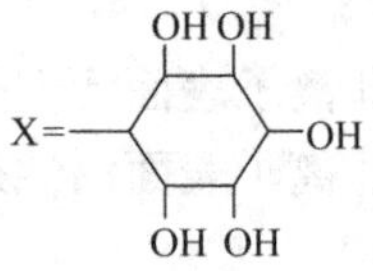

磷脂酰肌醇

磷脂是一种两性电解质，其分子结构中既有亲水性官能团，又有亲油性官能团，能够在水中形成双层结构。磷脂在不同溶剂中的溶解度相差较大，它可溶于脂肪烃和芳香烃化合物中；与油脂的性质恰好截然相反，磷脂不溶于丙酮，可以利用这个性质将其与油脂分离，达到精制的目的。

大豆磷脂的提取方法主要有膜分离法、柱层析法、有机溶剂提取法、有机溶剂无机盐复合沉淀法和超临界二氧化碳萃取法等。本实验采用有机溶剂提取法提取大豆油脚中的磷脂，先将大豆油脚用丙酮处理，除去溶于丙酮的杂质，得到大豆磷脂粗品，再利用大豆磷脂能与氯化锌形成复合物沉淀的性质进行精制。

大豆磷脂的水解产物有脂肪酸盐、甘油、胆碱、磷酸盐等，胆碱在碱性条件下进一步水解为具有氨臭味与鱼腥味的三甲胺，磷酸盐可与钼酸铵生成黄色的磷钼酸沉淀，利用这些性质可对大豆磷脂进行定性鉴别；大豆磷脂含量测定采用钼蓝比色法，将样品与硫酸和硝酸共热，形成磷钼酸盐，然后被还原生成钼蓝，其颜色变化与磷脂含量相关，可进行比色定量。

三、仪器与试剂

仪器：数显恒温水浴箱；离心机；循环水真空泵；离心管；布氏漏斗；电子天平；蒸发皿；试管；试管夹；坩埚；移液管；比色管。

试剂：大豆油脚；丙酮；正己烷；乙醚；氢氧化钠；乙醇；钼酸铵溶液；钼酸钠稀盐酸溶液；硫酸联氨；氢氧化钾；盐酸；氧化锌；无水磷酸二氢钾。

四、实验步骤

1. 大豆磷脂的提取

（1）大豆油脚的预处理：取大豆油脚20g置于离心管中，4000r/min离心10min，取沉淀备用。

（2）大豆磷脂粗品的提取：在经过预处理的大豆油脚中加入5倍量丙酮（质量体积比），混合，充分搅拌，5min后抽滤，弃去滤液，沉淀部分再加入5倍量丙酮，同上法再处理一次，所得沉淀旋蒸回收丙酮，得大豆磷脂粗品。

（3）大豆磷脂的精制：取大豆磷脂粗品，加入15ml无水乙醇，搅拌使其溶解，再加入15ml 10%氯化锌溶液，至温下搅拌30min，分离得到沉淀物，加入30ml冰丙酮（5℃），搅拌30min，过滤，再用丙酮多次洗涤沉淀，至洗涤液澄清。干燥，称重，计算产率。

2. 磷脂的定性鉴别

（1）钼酸铵试剂的配制：取10g钼酸铵，加水溶解并稀释至100ml，即得。

（2）水解：取0.05g大豆磷脂，置干燥试管中，加入3ml 10%氢氧化钠溶液，沸水浴加热15min，在管口处放一片润湿的石蕊试纸，可见石蕊试纸由红变蓝，溶液有鱼腥味，再将溶液过滤，备用。

（3）显色：取干净试管一支，加入上述滤液和95%乙醇各10滴，摇匀后加入钼酸铵试剂10滴，可见溶液变成黄绿色；再将试管置于沸水浴中加热5～10min，有黄色沉淀生成。

3. 磷脂的含量测定

（1）溶液的配制

1）钼酸铵硫酸试液的配制：取钼酸铵2.5g，置100ml容量瓶中，加入适量的水使溶解，加入 15ml 硫酸，加水稀释至刻度摇匀，备用。

2）亚硫酸钠试液的配制：取 20g 无水亚硫酸钠，置 100ml 容量瓶中，加水溶解并稀释至刻度，摇匀，备用。

3）对苯二酚溶液的配制：取 0.5g 对苯二酚，置 100ml 容量瓶中，加适量的水使溶解，加入 1 滴硫酸，加水稀释至刻度，摇匀，备用。

（2）标准曲线的绘制：取 0.5g 无水磷酸二氢钾，精密称定，置 100ml 容量瓶中，加水溶解并稀释至刻度，摇匀。精密量取 1ml，置 100ml 容量瓶中，加水稀释至刻度，摇匀，作为磷标准溶液，备用；取 6 支 50ml 比色管，编号，分别加入 0ml、2ml、4ml、6ml、8ml、10ml 磷标准溶液，补充蒸馏水至 10ml，各管中加入 4ml 钼酸铵硫酸试液，2ml 亚硫酸钠试液，新鲜配制的 2ml 对苯二酚溶液，加水稀释至 50ml，摇匀，暗处放置 40min；以第一份溶液为空白液，在 620nm 波长处测定吸光度，以吸光度为纵坐标，含磷量为横坐标，绘制标准曲线。

（3）供试品溶液的配制：取 0.3g 样品，精密称定，置凯氏烧瓶中，加入 20ml 硫酸与 50ml 硝酸，缓缓加热至溶液呈淡黄色，小心滴加过氧化氢溶液，使溶液褪色，继续加热 30min，冷却后，用水定量转移至 100ml 容量瓶中，加水稀释至刻度，摇匀。

（4）样品测定：精密量取 10ml 供试品溶液，置 50ml 比色管中，加入 4ml 钼酸铵硫酸试液，2ml 亚硫酸钠试液，2ml 新鲜配制的对苯二酚溶液，加水稀释至 50ml，摇匀，暗处放置 40min；在 620nm 波长处测定吸光度，根据标准曲线计算磷脂含量。

五、注意事项

1. 氯化锌具有腐蚀性，丙酮和乙醇均属于易燃品，使用时要注意安全。

2. 配制钼酸铵硫酸试液时，将浓硫酸加入蒸馏水中要沿瓶壁缓缓加入，不可过快，加完后要轻轻摇匀，防止喷溅。

六、思考题

1. 磷脂彻底水解后的产物有哪些？
2. 钼酸铵法定性鉴别磷脂的原理是什么？

实验二十六   海藻中海藻酸钠的提取

一、实验目的

1. 了解海藻酸钠的理化性质。
2. 掌握海藻酸钠的提取原理和方法。
3. 掌握海藻酸钠的定性与定量分析原理和方法。

二、实验原理

海藻酸钠（NaAlg），又称褐藻酸钠或褐藻胶，是从褐藻类的海带或马尾藻中提取的一种天然多糖，是一种天然高分子表面活性剂，对油脂有较好的乳化作用。由于其亲水性强，黏度大，具良好的保护胶体性能，在药剂上常作为助悬剂、乳化剂、增稠剂和微囊的囊材等。

海藻酸钠的分子式为$[C_6H_7O_6Na]_n$，由 α-L-古罗糖醛酸（G 段）和 1,4-聚-β-甘露糖醛酸（M 段）组成，其结构式如下：

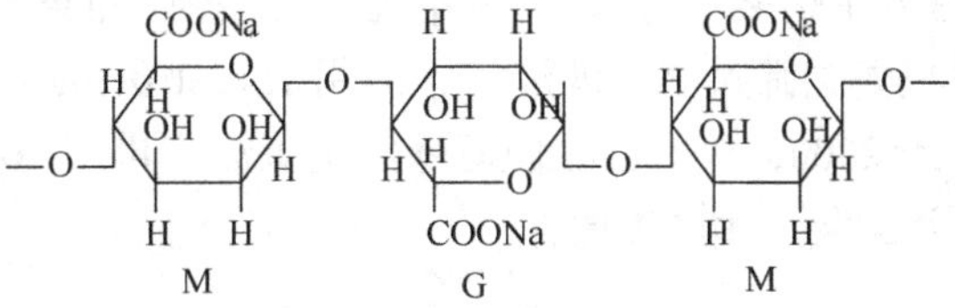

海藻酸钠为白色或淡黄色粉末，无臭无味，易溶于水，不溶于有机溶剂，如乙醇、乙醚、三氯甲烷等。海藻酸钠不耐强酸和强碱，pH 在 6～7 时，其稳定性较好，pH 低于 6 时会析出海藻酸；海藻酸钠的黏度在 pH 为 7 时最强，其黏性会随着温度的升高而下降；铁、钙、铅等二价及二价以上的金属离子可使海藻酸钠转化为该金属的盐类，由于不溶于水而从水中析出，可以利用这一性质提取、精制海藻酸钠。

海藻酸钠的提取方法主要有酸凝-酸化法、钙凝-酸化法和钙凝-离子交换法。本实验采用的是钙凝-离子交换法，先用碳酸钠对海藻进行消化，将海藻中的海藻酸盐转化成海藻酸钠，然后将其转化成海藻酸钙沉淀，再用氯化钠对沉淀进行脱钙处理得到海藻酸钠，最后利用海藻酸钠不溶于乙醇的性质，将其沉淀出来，得到精制的海藻酸钠。实验过程相关的反应式如下：

（1）消化：$2M(Alg)_n + nNa_2CO_3 \longrightarrow 2nNaAlg + M_2(CO_3)_n$

M 为钙离子；铁离子等，Alg 代表海藻胶。

（2）钙析：$2NaAlg + CaCl_2 \longrightarrow Ca(Alg)_2 \downarrow + 2NaCl$

（3）脱钙：$Ca(Alg)_2 + 2NaCl \longrightarrow 2NaAlg + CaCl_2$

三、仪器与试剂

仪器：数显恒温水浴箱；循环水真空泵；电子天平；纱布；布氏漏斗；剪刀；pH 试纸；垂熔漏斗；200 目尼龙绢筛。

试剂：甲醛溶液；碳酸钠；盐酸；氯化钙；氯化钠；乙醇。

四、实验步骤

1. 海藻酸钠的提取

（1）浸泡：取干燥洁净的海藻 5g，置 500ml 烧杯中，加入 300ml 1%甲醛溶液，浸泡 4h，将海藻取出，用水漂洗至洗涤液无色，备用。

（2）消化：将浸泡好的海藻剪碎，置 100ml 烧杯中，加入 50ml 3%碳酸钠溶液，在 50℃水浴中消化 3h。

（3）过滤：消化后的海藻呈糊状，先用纱布初滤，再用布氏漏斗抽滤，滤液备用。

（4）钙析：将上述滤液用盐酸调节 pH 至 6～7，在不断搅拌下逐滴加入 10%氯化钙溶液至沉淀不再析出，过滤，沉淀为海藻酸钙，备用。

（5）脱钙：将海藻酸钙移入烧杯中，在搅拌下加入 15%氯化钠溶液至沉淀完全溶解。

（6）析出：边搅拌边逐滴加入 95%乙醇至沉淀不再析出，过滤，沉淀用 95%乙醇洗涤，挥干乙醇，干燥，称重，即得海藻酸钠。

2. 海藻酸钠的定性鉴别　取海藻酸钠 1g，置烧杯中，加蒸馏水 100ml 使溶解，制成海藻酸钠溶液，备用。取 5ml 海藻酸钠溶液，加入 1ml 10%氯化钙溶液，溶液应变混浊；另

取 10ml 海藻酸钠溶液，加入 2ml 10%稀盐酸，溶液应变混浊。

　　3. 海藻酸钠的含量测定　取 105℃干燥至恒重的海藻酸钠样品约 1g，精密称定，用 100ml 蒸馏水溶解并经 3 号垂熔漏斗过滤，滤液中加入盐酸约 4ml 调 pH 至约为 2，静置 30min 使沉淀完全，用 200 目尼龙绢筛过滤，滤渣挤干后用 100ml 0.1mol/L 氢氧化钠溶液使溶解（调 pH 至约为 10），加入 200ml 95%乙醇使海藻酸钠沉淀，再用 200 目尼龙绢筛过滤，滤渣挤干后于 105℃烘干至恒重，计算含量。

$$NaAlg(\%)=\frac{G}{W}\times100\%$$

式中，G 为海藻酸钠恒重后的质量，g；W 为海藻酸钠样品的质量，g。

五、附注与注意事项

　　1. 用 1%甲醛溶液浸泡海藻后，要将海藻上的甲醛和浸泡出的色素洗涤干净，清洗至洗涤液无色方可。

　　2. 消化后的海藻要先用纱布初滤，如直接用真空抽滤速度非常慢。

六、思考题

　　1. 海藻用 1%甲醛溶液浸泡的目的是什么？

　　2. 在海藻酸钠的定性鉴别实验中，加入氯化钙和盐酸都能使溶液变混浊，为什么？

实验二十七　茶籽中茶皂素的提取

一、实验目的

　　1. 了解茶皂素的含量测定方法。

　　2. 熟悉茶皂素的理化性质。

　　3. 掌握茶皂素的提取方法。

二、实验原理

　　茶皂素，又称茶皂苷，是山茶科山茶属植物中含有的一种天然皂苷类化合物。作为一种性能优良的天然表面活性剂，茶皂素具有较好的润湿、发泡、乳化、去污和分散等作用。茶皂素属齐墩果烷型五环三萜类皂苷，分子式为 $C_{57}H_{90}O_{26}$，主要由皂苷元和配糖体组成，配糖体包括半乳糖、鼠李糖、葡萄糖、木糖和阿拉伯糖等。茶皂素为白色或淡黄色微细柱状晶体，熔点为 223～224℃，其饱和水溶液的 pH 为 5～7，吸湿性比较强，味苦而辛辣，对鼻黏膜有刺激性。

　　茶皂素易溶于甲醇、含水乙醇、正丁醇、冰醋酸等，微溶于温水、二硫化碳和乙酸乙酯；难溶于冷水、无水乙醇；不溶于石油醚、乙醚、三氯甲烷、苯和丙酮等亲脂性有机溶剂。茶皂素在酸性环境下容易产生沉淀；在茶皂素的水溶液中加入稀碱溶液，可以使茶皂素的溶解度明显增大；另外，从茶皂素的结构可以看出，茶皂素的疏水基团是茶皂素的皂苷元，亲水基团是茶皂素的配糖体，二者通过醚键连接，这是茶皂素具有表面活性的化学基础。

　　其结构式如下：

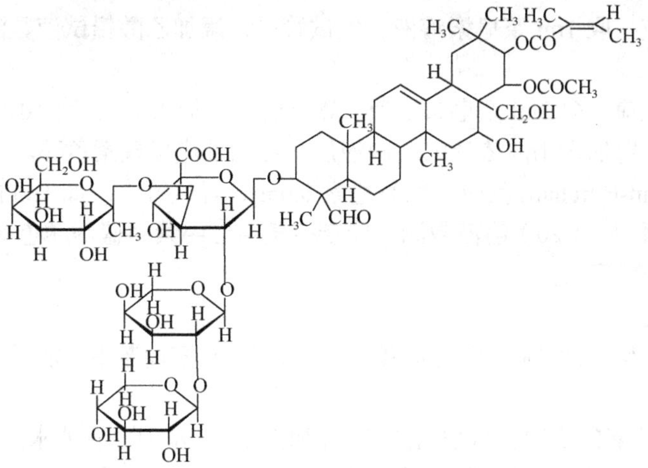

茶皂素

茶皂素的提取方法主要有水提法、醇提法、水提-沉淀法、醇提-沉淀法、超声波辅助提取法和树脂吸附法等。本实验采用醇提-沉淀法，以 80%乙醇为溶剂提取茶皂素，再利用茶皂素不溶于丙酮的性质，对茶皂素进行分离和精制。

茶皂素水溶液能与氢氧化钡、乙酸铅和盐基性乙酸铅反应，析出云状沉淀物，利用这一性质可对茶皂素进行定性鉴别。茶皂素的含量测定采用香草醛硫酸法，香草醛和硫酸可使茶皂素上的羧基脱水，再经双键位移和缩合等反应形成共轭双键系统，在酸的作用下生成阳离子盐而显色，可采用可见分光光度法进行测定。

三、仪器与试剂

仪器：数显恒温水浴锅；循环水真空泵；电子天平；圆底烧瓶；冷凝管；移液管；具塞试管。

试剂：油茶籽粕；乙醇；香草醛；浓硫酸；氯化钡；醋酐；浓硫酸；α-萘酚；石油醚（沸程 30～60℃）；丙酮；茶皂素对照品。

四、实验步骤

1. 茶皂素的提取

（1）脱脂：取适量油茶籽粕按照 1∶4 的比例加入石油醚，水浴加热回流 3h，过滤，弃去滤液，滤渣重复上述操作 2 次，将滤渣烘干备用。（如果购买的是经过脱脂的油茶籽粕可省略这个步骤）

（2）提取：取经脱脂的油茶籽粕 10g，加入 50ml 80%乙醇，水浴加热回流 2h，过滤，滤液浓缩至 5ml。

（3）沉淀：在不断搅拌下向茶皂素浓缩液中缓缓加入 45ml 丙酮，静置 30min，抽滤，沉淀用适量丙酮洗涤 2～3 次，干燥，称重，即得茶皂素。

2. 茶皂素的定性鉴别

（1）溶液的配制

1）茶皂素溶液的配制：取茶皂素样品 0.1g，加 10ml 水溶解并摇匀，备用。

2）乙酸铅试液的配制：取乙酸铅 10g，加新沸过的冷水溶解后，滴加乙酸使溶液澄清，再加入新沸过的冷水使成 100ml，摇匀，备用。

（2）沉淀反应：取 1ml 茶皂素溶液，置试管中，滴加乙酸铅试液数滴，振摇，应产生白色沉淀。

（3）Molish 反应：取 2ml 茶皂素溶液，置试管中，加入 2~3 滴 10% α-萘酚乙醇溶液，充分摇匀后，沿管壁加入 1ml 浓硫酸，两液层交界面处应出现紫色环。

（4）Libermann-Burchard 反应：取茶皂素 0.05g，置试管中，加 1ml 醋酐充分溶解后，再加入浓硫酸-醋酐（1:20）溶液数滴，应产生黄→红→紫→蓝等颜色变化，最后褪色。

3. 茶皂素的含量测定

（1）溶液的配制

1）8%香草醛溶液的配制：取香草醛 0.8g，置 10ml 容量瓶中，加无水乙醇溶解并稀释至刻度，摇匀。

2）77%硫酸溶液的配制：将浓硫酸 77ml 加至 23ml 水中，置冰水浴中冷却。

3）10% α-萘酚乙醇溶液的配制：取 α-萘酚 10g，置 100ml 容量瓶中，加 95%乙醇溶解并稀释至刻度，摇匀。

（2）标准曲线的绘制：取茶皂素对照品约 20mg，精密称定，置 25ml 容量瓶中，加 80%乙醇溶解并稀释至刻度，摇匀。分别精密量取 0ml、0.5ml、1.0ml、1.5ml、2.0ml、2.5ml、3.0ml 置 25ml 容量瓶中，加 2.5ml 8%香草醛溶液，在冰浴下加入 77%硫酸溶液至刻度，摇匀。各取 10ml 至具塞试管中，60℃水浴加热 15min，取出，冷却至室温。以第一份标准液为空白液，于 550nm 波长处测定吸光度。以茶皂素的浓度为横坐标，吸光度为纵坐标，绘制标准曲线。

（3）样品测定：取茶皂素约 0.1g，精密称定，置 25ml 容量瓶中，加 80%乙醇溶解并稀释至刻度，摇匀。精密量取 2.5ml，置 25ml 容量瓶中，加入 2.5ml 8%香草醛溶液，在冰浴下加入 77%硫酸溶液至刻度，摇匀。取 10ml 至具塞试管中，60℃水浴加热 15min，冷却至室温后，于 550nm 波长处测定吸光度，利用标准曲线计算样品中茶皂素的含量。

五、附注与注意事项

1. 在进行茶皂素的定性鉴别时，加入浓硫酸一定要沿着试管壁缓缓加入，试管口不能对着人，防止喷溅。

2. 在配制茶皂素溶液时，茶皂素如果不溶，可以在 80℃左右的水浴中加热，促进其溶解。

六、思考题

1. 用油茶籽粕提取茶皂素前为什么要经过脱脂处理？

2. 除了实验中介绍的三种茶皂素的定性鉴别方法外，还有别的方法吗？请简述其操作步骤及现象。

实验二十八　植物甾醇的提取

一、实验目的

1. 了解植物甾醇的理化性质。

2. 熟悉植物甾醇的定性鉴别方法。

3. 掌握植物甾醇的提取方法。

二、实验原理

植物甾醇广泛存在于各种植物中，如大豆、菜籽、玉米、大麦等，是一类重要的生物活性物质和天然表面活性剂。植物甾醇以游离态或结合态的形式存在于自然界中，如甾醇酯、甾醇糖苷、甾醇咖啡酸酯等。植物甾醇是构成植物细胞膜的主要成分之一，也是维持植物细胞生理功能的必需成分。

植物甾醇属高碳环型一元仲醇，常态下为粉末状或片状的白色固体，经溶剂结晶处理后呈白色针状或鳞片状晶体，无臭无味。植物甾醇的熔点都比较高，一般在 100℃以上。常温下，植物甾醇易溶于氯仿、乙醚、石油醚、苯等有机溶剂，微溶于丙酮和乙醇，不溶于水、酸或碱溶液，可以利用其溶解性质进行提取和精制。植物甾醇是一种天然表面活性剂，主要表现的物理化学性质为疏水性，由于其结构上带有羟基，同时又具有一定的亲水性。

其结构式如下：

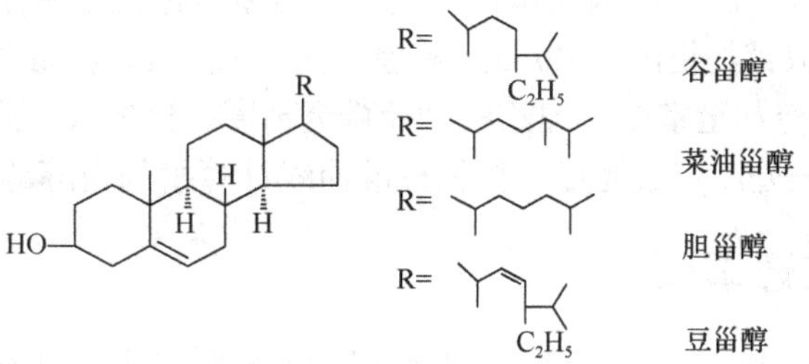

植物甾醇的提取方法有酶法、吸附法、络合法、皂化法、溶剂结晶法、分子蒸馏法、色谱分离法、高压流体吸附法等。本实验采用的是皂化法，由于植物甾醇常与油脂共存，在提取分离时可将油脂皂化成可溶于水的钠皂或钾皂，再用有机溶剂萃取得到植物甾醇。

三、仪器与试剂

仪器：三口烧瓶；电热套；冷凝管；烧杯；试管；玻璃棒；容量瓶；量筒；分液漏斗。

试剂：氢氧化钾；乙醚；氢氧化钾；酚酞指示液；无水硫酸钠；丙酮；氯仿；浓硫酸；冰醋酸；氯化锌；乙酰氯；乙酸酐；豆甾醇对照品。

四、实验步骤

1. 植物甾醇的提取

（1）皂化：取茶籽油 5g 置三口烧瓶中，加入 25ml 1mol/L 氢氧化钾乙醇溶液，边搅拌边加热至 95℃，回流 1h 使其皂化完全，回收乙醇，在皂化液中加入 25ml 蒸馏水，冷却至室温。

（2）萃取：取皂化液移至分液漏斗中，用 50ml 乙醚萃取，重复 2 次，合并乙醚液，先用 50ml 蒸馏水洗涤 3 次，再用 50ml 0.5mol/L 氢氧化钾溶液洗涤 3 次，最后用蒸馏水洗涤，直至在水洗液中加入酚酞指示液呈无色为止，用无水硫酸钠干燥，回收乙醚，即得植物甾醇粗品。

（3）精制：取植物甾醇粗品，加入适量丙酮，50℃水浴加热使其溶解，冷却至室温，再置于 4℃环境中至析出结晶，过滤，干燥，即得精制的植物甾醇。

2. 植物甾醇的定性鉴别

（1）Liebermann-Burchard 反应：取 0.05g 样品，置干燥试管中，加入 1ml 氯仿使溶解，再加入数滴浓硫酸-乙酐（1∶20）溶液，可观察到溶液呈红→紫→蓝→绿等颜色变化，最后褪色。

（2）Salkowski 反应：取 0.05g 样品，置干燥试管中，加入 1ml 氯仿使溶解，再加入 1ml 浓硫酸，可观察到硫酸层显血红色或蓝色，氯仿层显绿色荧光。

（3）Tschugaev 反应：取 0.05g 样品，置干燥试管中，加入 1ml 冰醋酸使溶解，再加入数粒氯化锌和 1ml 乙酰氯共热，可观察到溶液呈现紫红→蓝→绿的颜色变化。

3. 植物甾醇的含量测定

（1）标准曲线的绘制：取豆甾醇对照品约 10mg，精密称定，置 10ml 容量瓶中，加乙酸酐适量，加热至 60℃使溶解，冷却至室温，加乙酸酐稀释至刻度，摇匀。分别精密量取 0.1ml，0.2ml，0.3ml，0.5ml，1.0ml，1.5ml，2.0ml，2.5ml，置 10ml 容量瓶中，加乙酸酐稀释至刻度，再各加 1 滴浓硫酸，摇匀，溶液颜色变为暗绿色，放置 10min，在 650nm 波长处测定吸光度，以豆甾醇浓度为横坐标，吸光度为纵坐标，绘制标准曲线。

（2）样品测定：取植物甾醇约 20mg，精密称定，置 10ml 容量瓶中，加乙酸酐适量，加热至 60℃使溶解，冷却至室温，加乙酸酐稀释至刻度，再加入 1 滴浓硫酸，摇匀，放置 10min，在 650nm 波长处测定吸光度，根据标准曲线计算植物甾醇的含量。

五、附注与注意事项

1. Salkowski 反应中，加入硫酸时要沿着试管壁缓缓加入，试管口不能对着人，防止喷溅。

2. Tschugaev 反应中，氯化锌和乙酰氯共热时，温度不宜过高，防止爆沸。

六、思考题

1. 除了实验中介绍的三种植物甾醇的定性鉴别方法，还有其他方法吗？请简述其操作步骤及现象。

2. 皂化法提取植物甾醇的原理是什么？

实验二十九   大豆分离蛋白的提取

一、实验目的

1. 熟悉蛋白质的定性鉴别和含量测定方法。
2. 掌握大豆分离蛋白的提取原理和方法。

二、实验原理

大豆分离蛋白（SPI），是由一系列氨基酸经过脱水缩合后形成的高分子聚合物，是大豆营养素的重要组成成分，还是一种天然的表面活性剂，具有乳化、黏结、起泡、吸油、胶凝等特性，可以促进 O/W 型乳状液的形成，起到稳定乳状液的作用。

大豆分离蛋白的提取方法主要有超滤法、碱溶-酸沉法和离子交换法等。本实验采用的是碱溶-酸沉法，该法是先用碱溶液将豆粕中的可溶性蛋白质提取出来，再用酸调节pH 至其等电点，使蛋白质沉析分离。采用考马斯亮蓝法测定大豆分离蛋白的含量，在酸性溶液中，考马斯亮蓝 G250 与蛋白质分子中的碱性氨基酸和芳香族氨基酸结合形成蓝色复合物，在一定范围内其颜色深浅与蛋白质的浓度成正比，因此可用比色法测定蛋白质含量。

三、仪器与试剂

仪器：烧杯；玻璃棒；离心管；离心机。

试剂：氢氧化钠；盐酸；硫酸铵；硫酸铜；酸性蒽醌紫试剂；考马斯亮蓝 G250；磷酸；乙醇；牛血清白蛋白对照品。

四、实验步骤

1. 大豆分离蛋白的提取　取 10g 脱脂豆粕，加入 100ml 水混合均匀，用 1mol/L 氢氧化钠溶液调节 pH 至 11，充分搅拌溶解 30min，再以 3000r/min 离心 15min。取上清液，用 2mol/L 盐酸溶液调节 pH 至 4.5，再以 3000r/min 离心 15min，取沉淀，再用 1mol/L 氢氧化钠溶液中和，50℃烘干，即得。

2. 大豆分离蛋白的定性鉴别

（1）沉淀试验：取样品 0.05g，置干燥试管中，加入 1ml 水溶解，加热煮沸，溶液应变混浊；或者加入 1ml 5%硫酸铵溶液，应产生沉淀。

（2）Biuret 反应（双缩脲反应）：取样品 0.05g，置干燥试管中，加入 1ml 水溶解，再加入两滴 40%氢氧化钠溶液，摇匀，再加入 1～2 滴 1%硫酸铜溶液，摇匀，溶液应显紫色。

（3）Solwal Purple 反应：取样品 0.05g，置干燥试管中，加入 1ml 水溶解，滴加酸性蒽醌紫试剂数滴，溶液应显紫色。

3. 大豆分离蛋白的含量测定

（1）考马斯亮蓝溶液的配制：取考马斯亮蓝 G250 约 10mg，精密称定，置 100ml 容量瓶中，加入 5ml 95%乙醇使溶解，再加入 10ml 85%磷酸溶液，最后加入蒸馏水稀释至刻度，摇匀，即得。

（2）标准曲线的绘制：取牛血清白蛋白对照品约 10mg，精密称定，置 100ml 容量瓶中，加水溶解并稀释至刻度，摇匀，配成浓度为 0.1mg/ml 的对照品溶液。分别精密量取对照品溶液 0.1ml、0.2ml、0.4ml、0.6ml、0.8ml，补充蒸馏水至 1ml，加入 4ml 考马斯亮蓝溶液，摇匀，放置 5min，在 595nm 波长处测定吸光度，以牛血清白蛋白浓度为横坐标，吸光度为纵坐标，绘制标准曲线。

（3）样品测定：取大豆分离蛋白样品约 0.5g，精密称定，置 100ml 容量瓶中，加水溶解并稀释至刻度，摇匀。精密量取 1ml，加入 4ml 考马斯亮蓝溶液，摇匀，放置 5min，在 595nm 波长处测定吸光度，根据标准曲线计算蛋白质的含量。

五、附注与注意事项

1. 样品要先平衡后才能进行离心，否则会导致离心管爆裂或者仪器受损。
2. 由于蛋白质在高温下易变性，干燥温度不宜超过 60℃。
3. 考马斯亮蓝溶液配制后如不立即使用，应置棕色瓶内避光保存。

六、思考题

1. 双缩脲反应的原理是什么?
2. 蛋白质含量测定的方法有哪几种?

第二节   从动物体中提取天然表面活性剂

天然表面活性剂不仅存在于植物体中,也大量地存在于动物体中。这类表面活性剂的组成和结构复杂,大多具有优良的乳化性能,所以很多可以作为乳化剂应用于药剂、化妆品和食品中。

本节安排 2 个实验,分别介绍胆甾醇、酪蛋白的提取方法。

实验三十   猪脑中胆甾醇的提取

一、实验目的

1. 熟悉胆甾醇的定性鉴别和含量测定方法。
2. 掌握胆甾醇的提取原理和方法。

二、实验原理

胆甾醇,又名胆固醇,化学名为胆甾-5-烯-3β-醇,主要以游离形式和胆甾醇酯的形式存在于动物体的各种组织中,如大脑、神经组织、羊毛脂和蛋黄等,是组成动物器官特别是大脑和脊髓组织的重要成分之一,也是构成动物细胞膜的重要组成成分。胆甾醇是一种天然的乳化剂,其分子结构的特征主要表现为疏水性,所以常作 W/O 型乳化剂使用。

胆甾醇的分子式为 $C_{27}H_{46}O$,在常温下为白色或淡黄色有珠光的片状晶体。胆甾醇几乎不溶于水、酸性溶液和碱性溶液中,可溶于乙醇、苯、三氯甲烷、丙酮、己烷、植物油等,易溶于胆汁酸盐溶液,可以利用这些性质对胆甾醇进行提取、分离和精制。胆甾醇结构式如下:

胆甾醇

本实验采用溶剂法提取胆甾醇。胆甾醇在猪脑中主要以胆甾醇酯的形式存在,可先用丙酮进行提取,经过浓缩、除杂、结晶后得到胆甾醇酯,将其在酸性条件下进行水解,再通过结晶得到胆甾醇。

三、仪器与试剂

仪器:电子天平;真空干燥箱;水循环真空泵;数显恒温水浴锅;圆底烧瓶;冷凝管;蒸发皿;高效液相色谱仪。

试剂：新鲜猪脑；丙酮；乙醇；硫酸；活性炭；三氯甲烷；福尔马林；硫酸；乙酸酐；胆甾醇对照品。

四、实验步骤

1. 胆甾醇的提取

（1）原材料的处理：取新鲜猪脑，除去脂肪和脊髓膜，在 60～70℃真空干燥，粉碎成干脑粉。

（2）提取：取干脑粉 80g，加入 400ml 丙酮，水浴加热回流提取 1h，过滤，滤渣再按上法提取一次，合并滤液。

（3）浓缩：将滤液旋蒸回收丙酮，直到液体体积约为原来的 1/10 时，停止浓缩。

（4）除杂：在浓缩液中按 1∶10 的比例加入 95%乙醇，然后在水浴中加热回流 1h，过滤，弃去滤渣，滤液备用。

（5）结晶：将滤液置于 0～5℃的环境中使其析出晶体，结晶用 95%乙醇洗涤，即得胆甾醇酯。

（6）水解：将胆甾醇酯置圆底烧瓶中，加入 5 倍量 95%乙醇和 3 倍量 2mol/L 硫酸溶液，加热回流 2h。

（7）结晶：将水解液置于 0～5℃的环境中析出晶体，过滤，即得胆甾醇。

2. 胆甾醇的定性鉴别

（1）甲醛硫酸试液的配制：量取 1ml 浓硫酸，加甲醛 1 滴，摇匀，即得，本品需临用前配制。

（2）Whiby 反应：取样品 0.05g，置干燥试管中，加入 2ml 三氯甲烷使溶解，再加入 1ml 甲醛硫酸试液，摇动，上层溶液（氯仿层）应显亮樱桃色，下层溶液（硫酸层）应显暗红色，并有绿色荧光。从试管中吸取几滴三氯甲烷液至另一洁净干燥试管中，加入 2 滴乙酸酐，溶液由亮樱桃色变为蓝绿色。

（3）Salkowshi 反应：取样品 0.05g，置干燥试管中，加入 1ml 三氯甲烷使溶解，再加入 1ml 浓硫酸，可观察到三氯甲烷层显血红色，硫酸层显绿色荧光。

（4）Liebermann-Burchardt 反应：取样品 0.05g，置干燥试管中，加入 1ml 三氯甲烷使溶解，再加入数滴浓硫酸-醋酐（1∶20）溶液，可观察到溶液由粉红色→蓝色→绿色的颜色变化。

3. 胆甾醇的含量测定

（1）色谱条件：以十八烷基硅烷键合硅胶为固定相，甲醇为流动相，柱温为室温，流速为 1ml/min，波长为 208nm。

（2）标准曲线的绘制：取胆甾醇对照品约 50mg，精密称定，置 50ml 容量瓶中，加入 95%乙醇溶解并稀释至刻度，摇匀。精密量取 0.5ml，1ml，2ml，4ml，6ml，8ml，10ml，分别置 10ml 容量瓶中，加 95%乙醇稀释至刻度，摇匀，配成系列标准溶液。精密吸取各浓度的标准溶液 10μl，进样，测定峰面积，绘制标准曲线。

（3）样品测定：取胆甾醇样品约 0.1g，精密称定，置 25ml 容量瓶中，加 95%乙醇溶解并稀释至刻度，摇匀。精密吸取 10μl 进样，测定峰面积，根据标准曲线计算样品中胆甾醇的含量。

五、附注与注意事项

1. 新鲜猪脑由于含较多水分，不利于溶剂的渗透，故应干燥、粉碎后提取，可提高提取率。

2. 在对胆甾醇进行定性鉴别时，加入硫酸时要沿着试管壁缓缓加入，试管口不能对着人，防止喷溅。

六、思考题

1. 本实验提取胆甾醇的原理是什么？
2. 用于胆甾醇定性鉴别的三个反应，分别利用的是什么原理？

实验三十一   牛奶中酪蛋白的提取

一、实验目的

1. 熟悉酪蛋白的定性鉴别和含量测定方法。
2. 掌握从牛奶中提取酪蛋白的原理和方法。

二、实验原理

酪蛋白，又称干酪素，广泛存在于牛奶、羊奶等天然乳类中，是一种天然的表面活性剂。酪蛋白是一种含磷、钙的结合蛋白，为白色、无味无臭的粒状固体，微溶于水和有机溶剂，易溶于稀碱和浓酸。酪蛋白在牛奶中主要以酪蛋酸钙-磷酸钙复合体胶粒的形式存在，有 10%～20% 的酪蛋白是以溶解形式或非胶粒形式存在。酪蛋白还是一种两性离子化合物，在一定 pH 范围内能够维持相对稳定的状态，但当调节酪蛋白溶液的 pH 至等电点（pH=4.7）时，酪蛋白会因失去电荷，溶解度降至最低而产生沉淀，利用这一性质对酪蛋白进行提纯，该法亦被称为等电点沉淀法。

酪蛋白中含有酪氨酸，可与米伦试剂反应生成白色絮状沉淀，加热则转变为红色沉淀，该现象可用于酪蛋白的定性鉴别。由于蛋白质分子中含有与双缩脲结构相似的肽键，能与二价铜离子在碱性溶液中发生双缩脲反应，生成紫色络合物，其颜色深浅在一定范围内与蛋白质的含量成正比，而与蛋白质的氨基酸组成及分子质量无关，故可利用双缩脲反应测定蛋白质的含量。

三、仪器与试剂

仪器：天平；离心机；温度计；酸度计；恒温水浴箱；抽滤装置；离心管。

试剂：市售牛奶；乙酸-乙酸钠缓冲液；乙醇；无水乙醚；氢氧化钠；米伦试剂；双缩脲试剂。

四、实验步骤

1. 酪蛋白的提取

（1）乙酸-乙酸钠缓冲液（pH4.7）的配制：A 液，称取 $NaAc \cdot 3H_2O$ 固体 2.7g，加水溶解并定容至 100ml；B 液，称取纯乙酸 0.6g，加水定容至 100ml。取 A 液 88.5ml 与 B 液 61.5ml

混合，即得。

（2）提取：取 10ml 牛奶置于烧杯中，水浴加热至 40℃，在不断搅拌下缓缓加入预热至 40℃的乙酸-乙酸钠缓冲液 10ml，混匀，用 pH 精密试纸或酸度计调节 pH 至 4.7（用 1% NaOH 或 10%乙酸溶液进行调整）。牛奶开始有絮状沉淀出现后，保温使其沉淀完全。将上述混悬液冷却至室温，3000r/min 离心 15min，弃去上清液，得酪蛋白粗品。

（3）精制：将酪蛋白粗品用 5ml 95%乙醇浸泡洗涤，搅拌片刻，用布氏漏斗抽滤。然后用乙醇-乙醚（1∶1）混合溶剂洗涤沉淀 2 次，抽滤。最后用乙醚洗涤沉淀 2 次，抽滤。将沉淀置 80℃烘箱中烘干，称重，即得。

2. 酪蛋白的定性鉴别

（1）米伦试剂的配制：取汞 2g，加入 3ml 浓硝酸使溶解，再加水稀释至 100ml（在通风橱中进行）。

（2）米伦反应：取酪蛋白约 0.2g，置于试管中，加入 1ml 蒸馏水使其溶胀，再加入米伦试剂 10 滴，振摇，可观察到有白色絮状沉淀产生，然后再缓慢加热，可观察到沉淀变为红色。

3. 酪蛋白的含量测定

（1）双缩脲试剂的配制：取无水硫酸铜 1.5g 和酒石酸钾钠 6.0g，加入 50ml 蒸馏水使溶解，在不断搅拌下，加入 30ml 10%氢氧化钠，用蒸馏水稀释至 100ml，用棕色试剂瓶避光保存。

（2）标准曲线的绘制：取酪蛋白标准品约 0.1g，精密称定，置 10ml 容量瓶中，加入 5ml 0.2mol/L 氢氧化钠溶液使溶解，加水稀释至刻度，摇匀。分别精密量取酪蛋白标准液 0ml，0.2ml，0.4ml，0.6ml，0.8ml，1.0ml 于试管中，不足 1ml 者用蒸馏水补齐至 1ml，然后向各试管中加入 4ml 双缩脲试剂，混匀，室温下反应 30min。以第一份溶液为空白液，在 540nm 波长处测定吸光度。以酪蛋白浓度为横坐标，吸光度为纵坐标，绘制标准曲线。

（3）样品测定：取酪蛋白样品约 0.1g，精密称定，余下按酪蛋白标准液的配制方法处理，即得。精密量取 1ml 酪蛋白供试品溶液，加入 4ml 双缩脲试剂，室温下反应 30min，在 540nm 波长处测定吸光度，根据标准曲线计算酪蛋白的含量。

五、附注与注意事项

1. 提取酪蛋白时，温度不宜过高，防止蛋白质变性。

2. 乙醚为易燃易爆有机溶剂，实验过程中要特别注意其使用安全，实验室应保持通风并禁止明火。

六、思考题

1. 等电点沉淀法提取酪蛋白的原理是什么？

2. 用乙醇、乙醇-乙醚和乙醚洗涤酪蛋白的顺序是否可以变换？为什么？

第三节　天然高分子表面活性剂的改性实验

天然高分子表面活性剂是指从动植物中分离、精制或经过化学改性而制得的水溶性高分子化合物。天然高分子表面活性剂具有优良的增黏性、乳化性和稳定性，并且具有较高的安全性和易降解等特性，因此广泛应用于食品、医药、化妆品及洗涤剂工业。

天然高分子化合物淀粉、纤维素和壳聚糖等，在自然界中的含量十分丰富，而且价格低廉，来源广泛，可作为制备新型高分子表面活性剂的原料。

本节共安排 3 个实验，分别介绍以淀粉、纤维素和壳聚糖为原料，经过一系列化学改性制备天然高分子表面活性剂的方法。

实验三十二　疏水改性羟乙基纤维素的制备

一、实验目的

1. 了解改性纤维素制品的应用。
2. 掌握疏水改性羟乙基纤维素的制备原理和方法。

二、实验原理

羟乙基纤维素（HEC）是由纤维素和环氧乙烷或氯乙醇经醚化反应得到的产品。羟乙基纤维素是白色或微黄色易流动的粉末，易溶于水，不溶于大多数有机溶剂，具有良好的水溶性，并且在水溶液中的性质比较稳定，可以与大多数物质共存而不发生化学反应。在食品、医药领域中，羟乙基纤维素主要作为增稠剂、分散剂、稳定剂和缓释材料等，也可应用于局部用药的乳剂、软膏剂等多种剂型中。其分子结构如下：

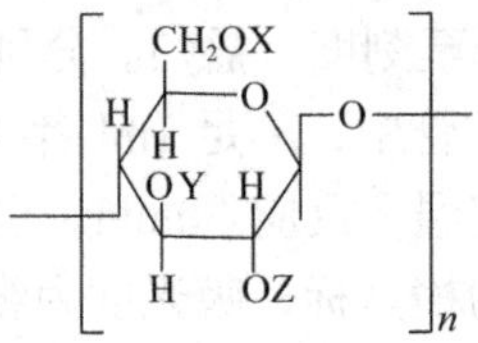

式中：
$X = \!\!-\!\!(CH_2CH_2O)_{\!x}\!H$
$Y = \!\!-\!\!(CH_2CH_2O)_{\!y}\!H$
$Z = \!\!-\!\!(CH_2CH_2O)_{\!z}\!H$

羟乙基纤维素

由于羟乙基纤维素的大分子链中缺少与亲水基团匹配的疏水基团，致使表面活性较低，限制了其应用范围。为了改善这一缺陷，本实验采用醚化反应对羟乙基纤维素进行改性。首先用有机溶剂和低浓度的氢氧化钠溶液对羟乙基纤维素进行溶胀，由于碱溶液中的金属离子通常以水合离子的形式存在，可吸引外围水分子，利于打开纤维素的无定形区，进攻结晶区，从而使羟乙基纤维素发生溶胀；然后加入溴代十二烷异丙醇溶液，在碱的催化下，疏水基团便可以引入到羟乙基纤维素上，得到疏水改性羟乙基纤维素（BD-HEHAC）。结构式如下：

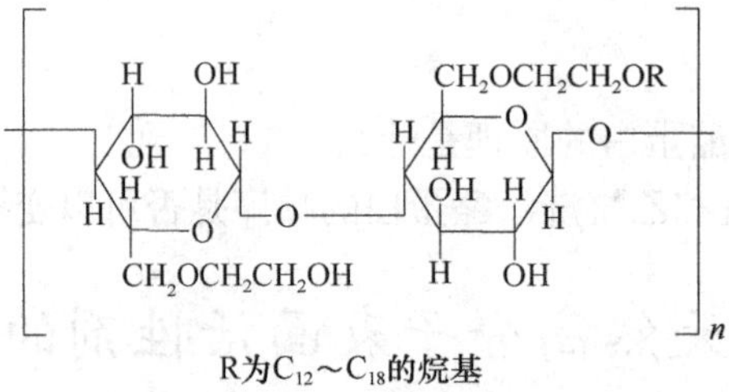

R为$C_{12}\sim C_{18}$的烷基

疏水改性羟乙基纤维素

与羟乙基纤维素相比，疏水改性羟乙基纤维素具有更显著的增黏性、耐温耐盐性和抗剪切稳定性，作为水流体流度控制剂、涂料添加剂和石油开采助剂等具有广泛的应用前景。

三、仪器与试剂

仪器：恒温水浴箱；真空干燥；电子天平；三口烧瓶；pH 试纸。

试剂：羟乙基纤维素；溴代十二烷；异丙醇；氢氧化钠；盐酸；正己烷；丙酮；氮气。

四、实验步骤

1. **溶胀**　将 20g 羟乙基纤维素和 50ml 异丙醇加入三口烧瓶中，常温下搅拌 30min，然后缓缓滴入 20ml 5%氢氧化钠溶液，同时通入氮气并高速搅拌，室温下溶胀 24h。

2. **醚化**　将溶液温度升至 80℃，缓慢加入 10ml 异丙醇、2ml 溴代十二烷，反应 3h，反应液用稀盐酸中和至 pH 7~8。抽滤，沉淀分别用正己烷、丙酮洗涤数次，以除去残余反应物，45℃真空干燥，即得。

五、附注与注意事项

反应温度是影响疏水改性羟乙基纤维素制备的关键因素，一般来说，温度越高，反应越迅速，但异丙醇的沸点为 82℃，温度过高，导致异丙醇挥发，反而不利于反应体系的分散，所以要将温度控制在 80℃以下。

六、思考题

1. 制备初期，为什么羟乙基纤维素要用 NaOH 碱化？
2. 羟乙基纤维素的改性方法有哪些？

实验三十三　十二烷基糖苷的制备

一、实验目的

1. 了解十二烷基糖苷的性质及其应用。
2. 熟悉转糖苷化的工艺流程。
3. 掌握十二烷基糖苷的制备方法。

二、实验原理

烷基糖苷（APG）亦称烷基多糖苷，是一种性能优良的新型非离子型表面活性剂。烷基糖苷能与其他表面活性剂配合使用，起协同作用，将其加入洗涤剂中，可以提高去污能力，同时还具有柔软、抗静电和防收缩功能。烷基糖苷还具有广谱的抗菌作用，对革兰阴性菌、阳性菌和真菌都有一定的抗菌活性，可用作消毒清洗剂。

烷基糖苷是由葡萄糖的半缩醛羟基和脂肪醇羟基在酸的催化下失去一分子水而得到的产物。烷基糖苷易溶于水，不溶于大多数有机溶剂。合成烷基糖苷的方法，主要有原酯法、酶催化法、直接糖苷化法、转糖苷化法、Koenings-Knorr 反应合成法等。

本实验采用转糖苷化法，淀粉在催化剂催化下直接与醇类进行转糖苷化制备烷基糖苷。首先由淀粉和丁醇在催化剂对甲基苯磺酸的作用下反应生成低碳链糖苷，再由低碳链糖苷和十二醇进行醇交换反应生成高碳链糖苷，丁醇再回收利用，此法较好地解决了原料之间的相溶性问题，使合成较易实现。

反应式如下：

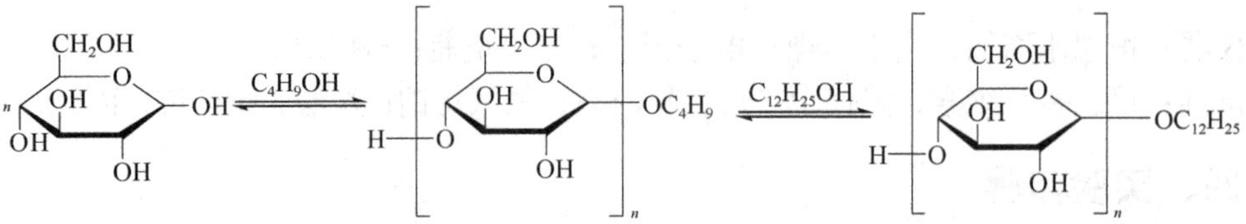

三、仪器与试剂

仪器：恒温水浴箱；旋片式真空泵；四口烧瓶。

试剂：木薯淀粉；丁醇；浓硫酸；对甲基苯磺酸；I_2-KI 溶液；十二醇；硼氢化钠；氢氧化钠；甘油；过氧化氢溶液（双氧水）。

四、实验步骤

工艺流程如下：淀粉+丁醇+十二醇→催化转糖苷化→减压脱醇→中和→漂白脱色→除脱色剂→过滤→真空浓缩→十二烷基糖苷。

1. 糖苷化 取 100ml 丁醇与 1ml 浓硫酸混合，再转入带有搅拌器、分水器和回流冷凝装置的 250ml 四口烧瓶中，加入 50g 木薯淀粉和 2g 对甲基苯磺酸，在 115℃下搅拌反应，生成的水经分水器放出，观察反应现象，待反应液清亮后继续回流 1h，趁热过滤。

2. 转糖苷化 滤液留在反应瓶中，在 115℃下减压蒸出未反应完的丁醇，然后加入预热至 115℃的十二醇，在 115℃下继续回流反应 2h。

3. 脱醇 待反应液冷却至 80~90℃，滴加 20%NaOH 溶液，调节溶液 pH 至 8~9。开始加热，待温度升至 120℃时，加入 5ml 甘油作携带剂，在 150℃下减压蒸出残余的十二醇。

4. 漂白 待反应液冷却至 65℃，在搅拌下滴加适量双氧水进行漂白处理，再加入少量 $NaBH_4$ 反应 30min 以除去多余的双氧水，过滤后减压浓缩，得微黄色黏稠液体，经 80℃真空干燥，即得十二烷基糖苷。

五、附注与注意事项

1. 该反应是可逆反应，反应中生成的水必须连续地从反应混合物中除去，否则将生成聚合物含量高和色泽较深的反应产物。

2. 搅拌速率直接影响糖苷的生成速率。在低搅拌速率下，由于糖的浓度较高，糖分子之间碰撞概率增加，易发生聚合副反应，并使产品颜色加深，影响产品质量。故较快的搅拌速率对提高产品的收率有利，同时制得的产品色泽也较浅。

3. 滴加双氧水时容易引起冲料，应小心进行。

4. 本实验是在高温下进行，操作时应特别注意安全，避免烫伤。

六、思考题

1. 实验过程中为什么要脱去多余的十二醇？
2. 转糖苷化法有哪些优点和缺点？

实验三十四　*O*-羟丙基-*N*-辛基壳聚糖的制备

一、实验目的

1. 了解 *O*-羟丙基-*N*-辛基壳聚糖的表面活性机制及其应用。
2. 掌握 *O*-羟丙基-*N*-辛基壳聚糖的制备原理和方法。

二、实验原理

　　壳聚糖（chitosan，CS）是多糖中唯一的碱性多糖，是一种安全无毒，可生物降解并具有良好生物相容性的天然高分子材料。由于壳聚糖缺乏有效的疏水结构，不能被稳定地吸附在两相界面上，导致其表面活性很小；并且壳聚糖只能溶于一些稀的无机酸或有机酸中，不溶于水和大多数有机溶剂，这大大地限制了壳聚糖的应用。

　　壳聚糖结构中含有 C$_2$—NH$_2$、C$_6$—OH 等反应活性基团，均具有较强的反应活性，可以通过烷基化、酰化、羟基化等方法将疏水性和亲水性的功能基团连接到壳聚糖上，制备成具有较高表面活性的壳聚糖衍生物。本实验以壳聚糖为原料，在壳聚糖分子中引入羟丙基，以改善分子的空间结构，制备水溶性衍生物羟丙基壳聚糖，然后引入疏水性的碳链结构，从而制得具有较强表面活性的 *O*-羟丙基-*N*-辛基壳聚糖。

　　壳聚糖在碱性递质中 C$_6$—OH 容易进行取代反应，壳聚糖在碱化预处理后，氢氧化钠能与 C$_6$—OH 键合，形成活性中心，在羟丙基化反应阶段，活性中心与反应物环氧丙烷发生亲核取代反应，生成 *O*-羟丙基壳聚糖，然后在相转移催化剂四丁基溴化铵作用下，与溴代辛烷反应制得 *O*-羟丙基-*N*-烷基化壳聚糖。反应式如下：

壳聚糖　　　　　　　　　　*O*-羟丙基壳聚糖　　　　　　　　*O*-羟丙基-*N*-辛基壳聚糖

三、仪器与试剂

　　仪器：真空干燥器；电热恒温水浴锅；离心机；旋转蒸发仪；磁力搅拌器。
　　试剂：壳聚糖；环氧丙烷；溴代辛烷；乙酸；氢氧化钠；盐酸；丙酮；异丙醇；四甲基氢氧化铵；四丁基溴化铵；乙醇。

四、实验步骤

　　1. 壳聚糖的精制　称取 10g 壳聚糖粗品，置烧杯中，加入 100ml 20%乙酸溶液，搅拌，滤除不溶物；在不断搅拌下往滤液中加入 20ml 20%氢氧化钠溶液，得粉末状沉淀，过滤后用蒸馏水浸泡，并用稀盐酸调至中性，过滤，用蒸馏水多次洗涤后再用丙酮浸泡，过滤，在 60℃下真空干燥，即得精制壳聚糖。

　　2. *O*-羟丙基壳聚糖的制备　取 2g 精制后的壳聚糖，在 5ml 50%氢氧化钠溶液中浸泡 24h，加入 20ml 异丙醇，在室温下搅拌 30min，再加入 1ml 催化剂四甲基氢氧化铵，搅拌均匀，量取 20ml 环氧丙烷加入搅拌中的反应容器，在室温下反应 1h，然后升温至 60℃，反应 2h，过滤，向沉淀中加入 20ml 蒸馏水，搅拌使其完全溶解，4000r/min 离心 10min，取上清液于 80℃下旋转蒸发，减压除去异丙醇和环氧丙烷，得到 O-羟丙基壳聚糖水溶液。

3. O-羟丙基-N-辛基壳聚糖的制备 将 O-羟丙基壳聚糖水溶液加热至 40℃，滴加 8ml 溴代辛烷并升温至 80℃，加入 0.1g 催化剂四丁基溴化铵，搅拌反应 2h 后冷却，在不断搅拌下用稀盐酸中和 pH 至 7。向其中加入 100ml 乙醇，充分沉淀，抽滤，用乙醇洗涤滤饼，80℃下烘干，即得。

五、附注与注意事项

1. 丙酮、乙醇和甲醇均属于易燃品，使用时要注意安全。
2. 离心操作时，要先平衡后才可进行离心，否则会使离心管爆裂或损坏机器。

六、思考题

1. O-羟丙基-N-辛基壳聚糖属于何种类型的表面活性剂？简述其性质与应用。
2. 四甲基氢氧化铵和四丁基溴化铵的作用分别是什么？

第四章

表面活性剂性质实验

第一节　表面活性剂基本性质测定

表面活性剂的最大特性就是在低浓度下也能显著地降低水的表面张力。表面张力就是使液体表面尽量缩小的力，或者说是作用于液体分子间的凝聚力。

表面活性剂加入水之后，水的表面张力会下降，表面活性剂的亲水基留在水中，憎水基与水相斥而伸向空气。于是表面活性剂的单分子聚集在水的表面，随着浓度的增加，在水的表面形成单分子膜，此时的表面张力已降到最低点，若再增加浓度，表面活性剂分子为了使其憎水基在水中不被排斥，它的分子会不停转动，憎水基互相靠在一起，以尽量减少憎水基和水的接触面积，就形成了胶束。

当表面活性剂水溶液的浓度达到临界胶束浓度之前，以少数分子状态存在于溶液中；当浓度达到临界胶束浓度之时，以分散状态存在于溶液中的表面活性剂分子聚集起来，立刻形成很大的集团，成为胶束。因此以临界胶束浓度为界限，高于或低于此浓度时，水溶液的表面张力及其他许多物理性质都有很大的差异。因此在使用表面活性剂时，只有当表面活性剂的浓度稍大于临界胶束浓度时，才能充分显示其作用。

当表面活性剂的亲水基不变时，憎水基部分相对分子质量越大，则水溶性越差。因此憎水性可用憎水基相对分子质量的大小来表示。而对亲水基而言，由于种类很多，不能都单用相对分子质量来表示表面活性剂的亲水性。HLB值即亲憎平衡值，又叫亲水亲油平衡值，作为选择表面活性剂的重要指标。

本节共安排 6 个实验。

实验三十五　表面张力的测定

一、实验目的

1. 了解表面活性剂表面张力的意义。
2. 掌握测定表面张力的基本原理与操作技术。

二、实验原理

表面张力是表面活性剂水溶液的一种基本性质。表面张力是指由自由表面能引起的沿液面表面作用在单位长度上的力，在数值上同单位表面上的自由表面能相等。

溶液的表面对测定条件非常敏感，即使微小的变动也容易影响表面张力的测定。为了准确测量表面张力，测定前必须注意以下几点：首先，必须在液面不振动的干净环境中操作。例如，水面易与尘埃、油气接触而污染，表面张力瞬间可变化约 10mN/m。其次，要精确控制温度，测定体系尽可能密闭。这样，因蒸发引起的液面浓缩和温度不稳定等造成的误差可被减小到最小范围。水的表面张力（γ）与温度（T）有如下关系：

$$\gamma=75.680-0.138T-0.356\times10^{-3}T^2+0.47\times10^{-6}T^3$$

所以希望温度变化控制在±0.1℃以内。再次，应该注意水的精制纯化，除去所含的痕量表面活性杂质等，以达到表面研究所必要的试剂纯度。最后，要明白表面活性剂溶液的表面张力达到平衡的时间可从数分钟到数小时，因此必须根据实验的目的选择合适的方法。最好在一段时间内多次测量，以得到表面张力对时间的曲线，由曲线的平坦位置，确定表面张力达到平衡的时间。

测定表面张力的方法有很多，如平板法、毛细管法、最大气泡压力法、滴体积法、悬滴法、U形环或圆环拉起液膜法等。我国国标中则规定了圆环拉起膜法及滴体积法测定表面张力的方法。其中，用圆环拉起液膜测定含一种或几种表面活性剂的水溶液或有机溶液表面张力，将圆环置于待测的表面活性剂溶液中，当拉起环时，有一作用力垂直作用于圆环上，测量使圆环从此表面脱离所需要的最大力。该法可测定表面活性剂和洗涤剂溶液的表面张力，也适用于其他各类溶液表面张力的测定。

本实验采用圆环拉起液膜法。

三、仪器与试剂

仪器：表面张力计；铂铱环（图4-1）；圆环测定（图4-2）；测量杯。

试剂：表面活性剂样品。

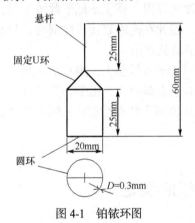

图4-1　铂铱环图

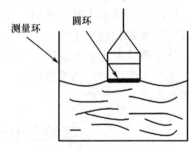

图4-2　圆环测定图

四、实验步骤

1. 表面活性剂溶液的配制　取一定量的表面活性剂样品，配成试样溶液，溶液的温度要保持一定，温度变化应在±0.5℃之内。

2. 清洗仪器　如果污垢（如聚硅酮）不能被硫酸铬酸液、磷酸或过硫酸钾硫酸溶液除去，则可用甲苯、四氯乙烯或氢氧化钾甲醇溶液预洗测量杯。如果不存在这种污垢，或者这种污垢已被清洗，则用热的硫酸铬酸洗液洗涤测量杯，然后用浓磷酸（83%～92%）洗涤，最后用重蒸馏水冲洗至中性。测量前，用待测液冲洗几次。要避免触摸测量元件和测量杯内表面。

3. 校正仪器　可用以下两种方法进行校正。

（1）用一系列已知质量的游码，放在圆环上，调节测力计使其平衡，记录下刻度盘读数。绘制游码质量/刻度盘读数曲线图，该曲线在测力计测量范围内为直线，求出直线的斜率。该法操作时间较长，但是非常精确。仪器读出值表面张力 γ 按下式计算，单位为 mN/m。

$$\gamma = \frac{m \times g}{b}$$

式中，m 为游码的质量，g；b 为圆环的周长，b=4πr，m；g 为重力加速度，m/s^2。

（2）用已知准确表面张力的纯物质进行校正。调好张力计，按测量步骤进行操作，直至观察到读数与校正液体的已知值相符。这种方法相对快速。不同温度下水的表面张力值如表 4-1 所示，部分纯有机液体的表面张力值列于表 4-2。

表 4-1　与空气接触的水的表面张力（mN/m）

温度/℃	表面张力	温度/℃	表面张力	温度/℃	表面张力	温度/℃	表面张力
−10	77.10	15	73.48	24	72.12	50	67.90
−5	76.40	16	73.34	25	71.96	60	66.17
0	75.62	17	73.20	26	71.82	70	64.41
+5	74.90	18	73.50	27	71.64	80	62.60
10	74.20	19	72.89	28	71.47	90	60.74
11	74.07	20	72.75	29	71.31	100	58.84
12	73.92	21	72.60	30	71.15		
13	73.78	22	72.44	35	70.35		
14	73.64	23	72.28	40	69.55		

表 4-2　纯有机液体与空气的表面张力（20℃）

液体	表面张力/（mN/m）	密度（20℃）/（g/m）	沸点/℃
甘油	63.40	1.260	290
二碘甲烷	50.76	3.325	180
喹啉	45.00	1.095	237
苯甲醛	40.04	1.050	179
溴代苯	36.50	1.499	155
乙酰乙酸乙酯	32.51	1.025	180
邻二甲苯	30.10	0.880	144
正辛醇	27.53	0.825	195
正丁醇	24.60	0.810	117
异丙醇	21.70	0.785	82.3

4. 测量

（1）张力计水平调节：在平台上放一水准仪，调节仪器底板上的调节螺丝，直至平台成水平。

（2）测定：将盛有待测液的测量杯放在平台上，并处于圆环的下方。升起平台用液体表面作镜子，观察几乎与液体表面接触的圆环的像。检查圆环的周边是否水平。

升高平台使圆环刚一接触液面即被拉入液体。继续升高平台至测力计再一次处于平衡。因圆环浸入液体时，扰乱了表面层的排列，需要等几分钟后再测定。

缓慢降低平台直至测力计稍微失去平衡。然后，调节施加于测力计的力及平台的位置，随着环的周边处于液体自由表面上，测力计恢复平衡。

用微调螺杆降低平台，同时调节施加于测力计的力，使测力计始终保持平衡，直至连接圆环和液体表面的"膜"破碎，注意施加在"膜"碎裂瞬间时的力。

5. **计算**　试液的表面张力 γ 按下式计算，单位为 mN/m。

$$\gamma = \frac{f \times F}{4\pi r}$$

式中，F 为当连接圆环与液体表面的"膜"破裂瞬间，或"膜"较低的弯月面脱离的瞬间施加于张力计的力，$F = k \times g \times$ 刻度盘读数，mN；r 为圆环的半径，m；k 为校正曲线斜率，g/刻度；g 为重力加速度，m/s^2；f 为校正因子，因在"膜"破裂前的瞬间，或"膜"的弯月面底部脱离前的瞬间，圆环的内部和外部弯月面之间不是完全对称的（图 4-2），应考虑作用在圆环上表面张力的方向。f 值取决于圆环的半径、铂铱丝的粗细、待测液体的密度，以及"膜"破裂前的瞬间或"膜"在自由表面上升高的液体的体积。

五、附注与注意事项

1. **表面张力计**　由水平平台、测力计和仪表组成。对各组件要求如下。

（1）水平平台：用微调螺丝可使其垂直上下移动；装有千分尺能估计 0.1mm 的垂直位移。

（2）测力计：能连续测量作用于测量单元上的力，并具有至少 0.1mN/m 的准确度。

（3）仪表：用于指示或记录测力计测量值。

装置应防震避风。整个仪器用天平罩保护起来，有利于减小温度变化和尘埃污染。

2. **铂铱环**　铂铱丝直径 0.3mm。环的周长通常为 40～60mm，用一固定 U 环固定在悬杆上（图 4-1）。

3. **测量杯**　应是玻璃制品，内径至少 8cm。对于纯液体的测定，理想的测量杯是矩形平行六面体小皿，边长至少 8cm；这种形状有利于用洁净的玻璃棒或聚四氟乙烯板刮净液体表面。

4. **注意事项**　配制表面活性剂溶液时应注意以下事项。

（1）配制测定溶液用作溶剂的水应是重蒸馏水，20℃时水的表面张力至少为 71mN/m。软木塞和橡皮塞不能用于制备蒸馏水的蒸馏装置接口处，或用来塞盛水的容器。

（2）溶液的温度应精确保持在 ±0.5℃ 之内（注：在临界温度点，如在 Krafft 温度、环氧乙烷缩合物的混浊温度等附近进行的测定，常由于误差大而失败。最好在高于 Krafft 温度或低于环氧乙烷缩合物的混浊温度下进行）。

（3）因溶液表面张力随时间而变化，表面活性剂的性质、纯度、浓度和吸附倾向，在这些变化中都起着特殊的作用，很难建议一个标准时效周期，所以需要在一段时间内进行几次测量，作出表面张力对时间的函数曲线，求出其水平部分的位置，即可得到溶液达到平衡状态的时间，能将表面张力值作为时间的函数记录下来的自动化仪器非常适合于这种测量。

（4）溶液表面对于大气尘埃或附近溶剂的蒸气污染非常敏感，所以不要在进行测定的房间里处理挥发性物质。

（5）建议用移液管从大量液体的中心吸取待测液体的试验份，因为表面可能易受不溶性粒子或尘埃的污染。

六、思考题

1. 配制溶液时，为什么要恒温？
2. 如何避免测量误差？

实验三十六　临界胶束浓度的测定

一、实验目的

1. 掌握表面活性剂溶液临界胶束浓度的测定原理和方法。
2. 掌握表面张力法测定临界胶束浓度的实验技术及数据处理方法。

二、实验原理

表面活性剂的水溶液，其浓度达到一定界限时，溶液的物理化学性能（如渗透压、电导、界面张力、密度、去污力等）即发生急剧的变化，该浓度界限称为表面活性剂的临界胶束浓度（CMC）。

CMC 的测定方法很多，它们都是利用表面活性剂溶液的性质在 CMC 时发生突变的这一特性，如表面张力法、电导法、折光指数法、染料增溶法、光散射法等。本实验采用表面张力法测定表面活性剂的临界胶束浓度。

表面活性剂稀溶液随着浓度增高，表面张力急剧降低，当达到 CMC 后，再增加浓度，表面张力不再改变或改变很小。测定一系列不同浓度的表面活性剂溶液的表面张力，以表面张力作为纵坐标，溶液浓度的对数为横坐标，绘制 $\gamma\text{-}\lg C$ 曲线，该曲线上的突变点即为临界胶束浓度。

本实验以脂肪醇聚氧乙烯醚硫酸钠为样品，测定其 CMC。

三、仪器与试剂

仪器：全自动表面张力仪；铂铱环，铂铱丝直径 0.3mm，环的周长通常为 40～60mm；测量杯，玻璃制品，内径至少 8cm。

试剂：脂肪醇聚氧乙烯醚硫酸钠（AES）。

四、实验步骤

1. **准备**　5.00×10^{-2}mol/L，5.00×10^{-3}mol/L，5.00×10^{-4}mol/L，5.00×10^{-5}mol/L，5.00×10^{-6}mol/L 共 5 份不同浓度的溶液（包括预期的临界胶束浓度）。

2. **清洗仪器、仪器的校正及表面张力的测定**　用滴体积法或环法测定蒸馏水的表面张力，对仪器进行校正，然后按照从稀至浓依次测定 AES 溶液表面张力。

3. **绘制曲线**　作出表面张力-浓度对数曲线，拐点处即为 CMC 值。如希望准确测定 CMC 值，在拐点处增加几个测定值即可实现。

五、附注与注意事项

1. 配制表面活性剂溶液时，要在恒温条件下进行，温度变化应在 ±0.5℃ 之内。
2. 为减少误差，要在高于 Krafft 的温度下进行测定。

3. 溶液的表面对于大气灰尘或周围的挥发性化学溶剂非常敏感，不要在进行测定的房间内处理挥发性的物品。全部仪器应该用保护罩保护起来。

4. 全自动表面张力仪由水平平台、测力计和仪表组成。水平平台：用微调螺丝可使其垂直上下移动；装有千分尺能估计 0.1mm 的垂直位移。测力计：能连续测量作用于测量单元上的力，并具有至少 0.1mN/m 的准确度。仪表：用于指示或记录测力计测量值。装置应防震避风。整个仪器要用天平罩保护起来，有利于减小温度变化和尘埃污染。

六、思考题

表面活性剂的表面张力与 CMC 值有什么关系？

实验三十七　乳状液的制备和类型鉴别

一、实验目的

1. 了解乳状液的基本性质。
2. 熟悉鉴别乳状液类型的基本方法。
3. 掌握用多种乳化剂制备不同类型乳状液的方法。

二、实验原理

乳状液是一种分散体系，它是由一种以上的液体以液珠的形式均匀地分散于另一种与之不相混溶的液体中而形成的。通常将以液珠形式存在的一相称为内相（或分散相），另一相称为外相（或分散介质）。

通常将外相为水相、内相为油相的乳状液称为水包油型乳状液，以 O/W 表示。反之则为油包水型乳状液，以 W/O 表示。为使乳状液稳定需加入的第三种物质（多为表面活性剂），称为乳化剂。乳化剂的性质常能决定乳状液的类型，如碱金属皂可使 O/W 型稳定，而碱土金属皂可使 W/O 型稳定。有时将乳化剂的亲水、亲油性质用 HLB 值表示，此值越大，亲水性越强。HLB 值在 3～6 的乳化剂可使 W/O 型的乳状液稳定，HLB 值在 8～18 的乳化剂可使 O/W 型的乳状液稳定。欲使某液体形成一定类型的乳状液，对乳化剂的 HLB 值有一定的要求。当几种乳化剂混合使用时，混合乳化剂的 HLB 值和单个乳化剂的 HLB 值有如下关系：

$$混合乳化剂 HLB = ax+by+cz+\cdots/x+y+z+\cdots$$

式中，a、b、$c\cdots$表示单个乳化剂的 HLB 值，x、y、$z\cdots$表示各单个乳化剂在混合乳化剂中占的质量分数。

乳状液类型的鉴别方法有如下几种。

1. **染色法**　选择一种只溶于水（或只溶于油）的染料加入乳状液中，充分振荡后，观察内相和外相的染色情况，再根据染料的性质判断乳状液的类型。例如，把油溶性染料加入到乳状液中，若能使内相着色，则为 O/W 型乳状液。

2. **稀释法**　乳状液易于与其外相相同的液体混合。将 1 滴乳状液滴入水中，若很快混合为 O/W 型。

3. **电导法**　O/W 型乳状液比 W/O 型乳状液导电能力强。

乳状液的界面自由能大，是热力学不稳定体系。因此，即使加入乳化剂，也只能相对地提高乳状液的稳定性。用各种方法使稳定的乳状液分层，絮凝或将分散介质、分散相完全分开统称为破乳。

三、仪器与试剂

仪器：试管；烧杯；量筒；表面皿；离心机；离心试管。

试剂：十二烷基硫酸钠；白油；吐温-20；司盘-20；明胶；氢氧化钠；椰子油；硬脂酸锌；石油醚；油酸。

四、实验步骤

1. 乳状液的制备

（1）在 20ml 试管中加入 5ml 5%的十二烷基硫酸钠的水溶液，逐滴加入白油，每加入 0.5ml 摇动半分钟，至加入 5ml 为止。观察所得乳状液的外观。

（2）在 20ml 试管中加入 5ml 5%的吐温-20 水溶液，逐滴加入白油，随时摇动，至加入 5ml 为止。观察所得乳状液的外观。

（3）在 20ml 试管中加入 5ml 2%明胶水溶液，加热至 40℃，将 5ml 白油分数次加之，并激烈摇动。观察所得乳状液外观，静置 1~2h 后再观察之。

（4）瞬时成皂法

1）在试管中加入 5ml 0.1mol/L NaOH 水溶液，逐滴加入 2ml 椰子油，稍加摇动，观察之。

2）在试管中加入 5ml 0.1mol/L NaOH 水溶液，逐渐加入 5ml 0.9%的油酸水溶液，逐滴加入白油 5ml，观察之。比较以上两种乳状液的稳定性。

2. 混合乳化剂的使用

欲使白油形成 O/W 型乳状液，要求乳化剂的适宜 HLB 值为 10 左右，现有吐温-20（HLB 值为 16.7）和司盘-20（HLB 值为 8.6）两种乳化剂。通过试验比较单独使用和混合使用时的效果。每次均取 10ml 5%的乳化剂水溶液，在摇动下向其中滴加 5ml 白油，加完后再摇动 1min。

（1）10ml 5% 吐温-20 水溶液中滴加 5ml 白油。

（2）10ml 5%司盘-20 水溶液中滴加 5ml 白油。

（3）10ml 5%吐温-20 和 5%司盘-20 的水溶液混合物中滴加 5ml 白油。吐温-20 和司盘-20 溶液各取的体积按基本原理中所述公式计算。比较以上 3 种情况的乳化效果和所得乳状液的稳定性。

3. 乳状液类型的鉴别

（1）用实验步骤 1 中（2）所制备的乳状液，在两小表面皿中分别加入少许水和白油，滴 1 滴乳状液于其中，观察乳状液滴与水或白油的混合情况，判断乳状液的类型。

（2）2g 干燥的硬脂酸锌在加热下溶于 10ml 石油醚中，冷却后在激烈摇动下加入 10 滴（约 0.5ml）水，用上述方法判断所得乳状液的类型。

4. 乳状液稳定性测定

离心分离法比较乳状液的稳定性。将上述步骤 2 的三种乳状液分别倒入 3 支离心管中，在 2000r/min 条件下离心 0.5min、1min 和 3min 后观察分层情况，比较它们的稳定性。

5. 破乳现象观察

电解质的存在对乳状液的稳定性有很大的影响，在上述实验中选取最稳定的乳化剂配方，在一个 50ml 锥形瓶在激烈搅拌情况下得到乳液（制备 20~30ml 乳液），用电解质溶液（0.1mol/LNaCl）滴加至开始分层，观察变化过程。

五、附注与注意事项

增加乳状液的稳定性或破坏乳状液的稳定性，在生产和科研实践中都有重要意义。要了解其原理，熟悉其规律。

六、思考题

1. 指出所制备的各种乳状液内相、外相及乳化剂各是什么？
2. 说明判断乳状液类型的各种方法的依据。
3. 分析乳状液被破坏的各种原因，并说明不同电解质对乳状液稳定性的影响。

实验三十八   克拉夫特点的测定

一、实验目的

1. 了解表面活性剂克拉夫特点的意义。
2. 掌握测定克拉夫特点的原理与方法。

二、实验原理

离子型表面活性剂在温度较低时溶解度很小，但随温度升高而逐渐增加，当到达某特定温度时，溶解度急剧陡升，该温度称为临界溶解温度，又称克拉夫特点（Krafft point）。

三、仪器与试剂

仪器：温度计；大试管；搅拌器；大烧杯；小烧杯；电炉。
试剂：十二烷基硫酸钠（K12）；纯水。

四、实验步骤

称取一定量的K12，配制成1%的水溶液，倒入大试管内，于水浴上加热并搅拌，至溶液呈透明澄清后，冷水浴搅拌下降温至溶液中有晶体析出为止，重复数次，记录温度。

五、附注与注意事项

测定时，应重复操作3次以上，取各测定值的平均值为测定结果。

六、思考题

所有的表面活性剂都有克拉夫特点吗？为什么？

实验三十九   浊点的测定

一、实验目的

1. 了解浊点的意义及基本测量原理。

2. 掌握测定浊点的各种方法与操作。

二、实验原理

浊点是非离子型表面活性剂才有的现象。非离子型表面活性剂在水溶液中的溶解度随温度上升而降低，在升至一定温度时出现混浊呈不完全溶解的现象，经放置或离心可得到两个液相，这个温度被称为该表面活性剂的浊点（cloud point）。

浊点是反映聚氧乙烯型非离子表面活性剂亲水性的一个指标，与 HLB 值有一定关系。测定方法是将一定浓度的试样溶液缓缓加热，测定溶液从澄清变为混浊的温度；或加热至液体完全不透明后，冷却并不断搅拌，观察不透明消失时的温度。

本实验介绍标准法测量浊点。

标准法参见 GB/T 5559 测定非离子型表面活性剂的浊点。

标准法有三种操作方法可选用。

方法 A：若试样的水溶液在 10～90℃变混浊的，则在蒸馏水中进行测定。

方法 B：若试样的水溶液在低于 10℃变混浊的或试样不能完全溶解于水的，则在 25% 的二乙二醇丁醚水溶液中进行测定（不适用于某些含环氧乙烷低的试样，仅适用溶于 25% 二乙二醇丁醚水溶液试样）。

方法 C：若试样的水溶液在高于 90℃变混浊的，则需在密封管内进行测定，密封管可使操作在一定压力下进行，以达到比常压下溶液的沸点还要高的温度。也可采用在盐水溶液里测定其浊点。

三、仪器与试剂

仪器：温度计，刻度 0.1℃，适用于试样被测温度的范围；量筒，容量 100ml；烧杯，150ml、1000ml；安瓿瓶，外径 14mm、内径 12mm、高 120mm，外面用粗孔网罩住，以防止安瓿瓶受压爆裂；磁力搅拌器；分析天平。

试剂：二乙二醇丁醚，分析纯，25%水溶液；氯化钠，分析纯，5%水溶液。

四、实验步骤

1. 试样准备

（1）方法 A：称取 0.5g 试样（精确到 0.01g），加入 100ml 蒸馏水，搅拌使试样完全溶解。

（2）方法 B：称取 5g 试样（精确到 0.01g），加入 45g 25%的二乙二醇丁醚溶液，搅拌至试样完全溶解。

（3）方法 C：a 液同方法 A；b 液，称取 0.5g 试样（精确至 0.01g），加入 100ml 5%氯化钠溶液，搅拌至试样完全溶解。

2. 测量

（1）方法 A：量取 15ml 方法 A 中所述试样溶液，置于试管中，插入温度计，放在水浴中加热，用温度计轻轻搅拌至溶液完全呈混浊状（溶液温度不超过混浊温度 10℃），停止加热，试管仍在烧杯中，在温度计搅拌下缓缓降温，记录混浊完全消失时的温度。重复试验两次，两次平行结果差不大于 0.5℃。

（2）方法 B：量取 15ml 方法 B 中所述的式样溶液置于试管中，测试步骤同方法 A。

（3）方法 C

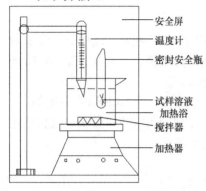

1）取方法 C 所述 a 液置于安瓿瓶中，高度约为 40mm，用火将安瓿瓶封口，再用粗孔丝网将安瓿瓶罩住。将安瓿瓶放入加热浴（传热介质一般可用乙二醇）中，安瓿瓶的上端应略为露出液面。在仪器装置前应放置安全玻璃或透明塑料保护屏，将温度计移置于安瓿瓶旁的加热浴内，如图 4-3 所示。开动磁力搅拌器，同时加热，至安瓿瓶内液体变混浊时停止加热，继续搅拌冷却，记录混浊完全消失时的温度。重复试验两次。

图 4-3　浊点测试方法 C 装置图

测试步骤同方法 A。

2）量取 15ml 方法 C 中的 b 液试样，置于试管中，测试步骤同方法 A。

安全屏
温度计
密封安全瓶
试样溶液
加热浴
搅拌器
加热器

五、附注与注意事项

1. 测量时，两次平行结果的差值不大于 0.5℃，取算术平均值。试样中加入提高或降低浊点的介质时，需说明测定液的介质。

2. 制备试样溶液，可使用精确度为 0.1g 的台秤。

3. 当样品中有盐或碱存在时，浊点一般会降低；有酸和水化钙离子存在时，能与醚氧原子络合而促进溶解，浊点升高；有烃类化合物存在时，会使浊点降低。GB/T 5559 中方法 D、方法 E 即是用 1%样品的 1.0mol/L 盐酸溶液和钙-丁醇水溶液的测定浊点方法。

六、思考题

1. 所有表面活性剂都存在浊点吗？

2. 测定浊点时，有哪些注意事项？

实验四十　亲水亲油平衡值的测定

一、实验目的

1. 了解表面活性剂亲水亲油平衡值的概念和意义。

2. 掌握乳化油 HLB 值的测定方法。

二、实验原理

表面活性剂的 HLB 值是其亲水性与亲油性的比值，在实际应用中有重要参考价值。亲油性表面活性剂 HLB 值较低，亲水性表面活性剂 HLB 值较高。亲水亲油转折点 HLB 值为 10。HLB 值小于 10 为亲油性，大于 10 为亲水性。表面活性剂由于在油-水界面上的定向排列而具有降低界面张力的作用，所以其亲水与亲油能力应适当平衡。如果亲水或亲油能力过大，则表面活性剂就会完全溶于水相或油相中，很少存在于界面上，难以达到降低界面张力的作用。表面活性剂的 HLB 值不同，其用途也不同。一般来说，

HLB1~3作消泡剂；3~6作W/O型乳化剂；7~9作润湿剂；8~18作O/W型乳化剂；13~15作去污剂；15~18作增溶剂。

表面活性剂的HLB值分析测定与计算有多种方法，一般来说有乳化法、水溶解性法（表4-3）、浊点/浊数法、临界胶束浓度法、分配系数/溶解度法、水合热法、核磁共振法、色谱法，以及理论计算法如阿特拉散法、川上法、戴维斯法、小田法等。

表 4-3　HLB 值与水溶性的关系

HLB 值	水溶性	HLB 值	水溶性
0~3	不分散	3~6	稍分散
6~8	在强烈搅拌下呈乳状液	8~10	稳定的乳状液
10~13	半透明至透明分散体	13~20	透明溶液

各种油被乳化生成某种类型乳状液剂所要求的 HLB 值各不相同，只有当乳化剂的 HLB 值适应被乳化油的要求时，生成的乳状液剂才稳定。但单一乳化剂的 HLB 值不一定恰好与被乳化油的要求相适应，所以常常将两种不同 HLB 值的乳化剂混合使用，以获得最适宜 HLB 值。混合乳化剂的 HLB 值为各个乳化剂 HLB 值的加权平均值，其计算公式如下：

$$HLB_m = \frac{HLB_a \times m_a + HLB_b \times m_b}{m_a + m_b}$$

式中，HLB_m 为混合乳化剂的 HLB 值；HLB_a 和 HLB_b 分别为乳化剂 A 和 B 的 HLB 值；m_a 和 m_b 分别为乳化剂的质量。本实验采用乳化法测定乳化油相所需的 HLB 值。

三、仪器与试剂

仪器：烧杯；玻璃棒；量筒；显微镜；滴管；试管架。
试剂：蒸馏水；液体石蜡；吐温-80；司盘-80。

四、实验步骤

1. **配方**　液状石蜡 5ml，吐温-80、司盘-80 共占 5%，蒸馏水加至 10ml。
2. **制法**　取吐温-80 溶解于水，司盘-80 溶于液状石蜡，分别配成 10% 的溶液。计算按不同比例配成 HLB 值为 5.5、7.5、9.5、12、14 的乳化剂所需 10% 吐温-80、10% 司盘-80 的用量，填入表 4-4。按计算值制备乳液，观察乳液稳定性，记录分层时间、分层高度，填入表 4-5，确定乳化的最佳 HLB 值。

表 4-4　乳化油相所需 HLB 值的测定

配方组分	实验				
	1	2	3	4	5
液状石蜡/（ml）	1.04				
10%吐温-80/（ml）	4.4				
10%司盘-80/（ml）	0.6				
蒸馏水			加至10ml		
HLB 值	5.5	7.5	10.5	12	14

根据混合乳化剂 HLB 值的计算公式,计算各实验中吐温-80(HLB 值为 15)、司盘-80(HLB 值为 4.3)和其他成分的用量。取样稀释后,显微镜下观察油相分散度、均匀度,根据乳液分层高度、乳析情况等,判断最佳乳化 HLB 值。以实验 1 为例,配方中混合乳化剂 10%吐温-80（10%W_T）和 10%司盘-80（10%W_S）的用量计算方法如下(用量以体积计算):

$$W_T+W_S=0.5$$
$$(15W_T+4.3W_S)/(W_T+W_S)=5.5$$

可计算出 W_T=0.06（ml）, W_S=0.44（ml）

因此,10%吐温-80 的用量为 0.06×10=0.6(ml),10%司盘-80 的用量为 0.44×10=4.4(ml)。10%司盘-80 中含 90%的液状石蜡,即配方中已加入液状石蜡 4.4×90%=3.96(ml),还需加入液状石蜡 5-3.96=1.04(ml)。

表 4-5   乳化油相的稳定性

实验	分散度	均匀度	乳析时间	分层高度 1h	分层高度 2h	结论
1						
2						
3						
4						
5						

五、附注与注意事项

混合乳化剂 HLB 的计算为近似值,其计算公式中的质量数可用体积数代替。

六、思考题

1. 乳化剂的 HLB 值在乳液制备中的意义是什么?
2. 本实验中所制备的乳液类型是什么?

第二节   表面活性剂功效性质测定

表面活性剂具有增溶、润湿、乳化、起泡、消泡、洗涤等作用,阳离子表面活性剂还具有杀菌活性。

当液体与固体表面接触时,气体被排斥,原来的固-气界面消失,代之以固-液界面,这种现象称为润湿,润湿是一种流体被另一种流体自表面取代的过程。将一种物质的颗粒或液滴及微小的形态分散到另一介质中的过程叫分散,所得到的均匀、稳定的体系叫分散体。乳化是一种液体以微小液滴或液晶形式均匀分散到另一种不相混溶的液体介质中形成的具有相当稳定性的多相分散体系的过程。

表面活性剂在水溶液中形成胶束后,具有能使不溶或微溶于水的有机化合物的溶解度显著增大的能力,且溶液呈透明状,这种作用称为增溶作用。

由液体薄膜或固体薄膜隔离开的气泡聚集体称为泡沫,可分为液体泡沫和固体泡沫。在液体泡沫中,液体和气体的界面起主要作用。当表面张力较低,膜的强度较高时,不论是稳定泡沫还是不稳定泡沫,起泡力都较好。

溶液的黏度对泡沫稳定在两方面起作用：一方面是增强泡沫液膜的强度；另一方面是表面黏度大，膜液体不易流动排出，延缓了液膜破裂，而增强了泡沫的稳定性。

消泡作用分为破泡和抑泡两种。具有破泡能力的物质称为破泡剂。有效的消泡剂既要能迅速破泡，又要能在相当长的时间内防止泡沫生成。

洗涤去污作用是表面活性剂应用最广泛、最具有实用意义的基本特性。

本节共安排了 7 个实验。

实验四十一　增溶力的测定

一、实验目的

1. 掌握表面活性剂增溶能力的意义与测定方法。
2. 掌握测定增溶能力的实验操作与计算原理。

二、实验原理

当表面活性剂达到一定浓度时，表面活性剂便可形成胶束。从几种胶束的模型可知，水溶液中的胶束都是以非极性部分靠拢，而以极性部分朝向水（图 4-4），因而在体系中形成了小范围的非极性区，因此，原来不溶或微溶于水的非极性物质就可增溶在体系中的非极性区域。表面活性剂的这种作用称为增溶作用。

球状胶束

层状胶束

图 4-4　胶束增溶示意图

测定表面活性剂的增溶能力有多种方法，本实验介绍分光光度计法和目视法。

1. **分光光度计法**　本方法用一定量的表面活性剂将苯增溶在水中，当体系中苯含量超过表面活性剂的增溶极限时，便产生混浊，溶液光密度迅速增大（图 4-5），由此来测定表面活性剂的增溶能力。

2. **目视法**　本方法用一定量的表面活性剂将机油增溶在水中，当体系中机油含量超过表面活性剂的增溶极限时，便产生混浊，通过眼睛直接观察来测定表面活性剂的增溶能力。

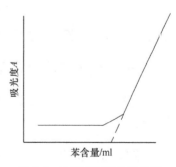
图 4-5　光密度与苯含量关系

三、仪器与试剂

1. **分光光度计法**　仪器：分光光度计；恒温水浴锅；2ml，50ml 移液管；100ml 容量瓶。
试剂：表面活性剂 L-113A；苯。

2. 目视法

仪器：500ml 容量瓶；10ml 微量滴定管；500ml 锥形瓶；秒表。

试剂：表面活性剂 L-113A；10#机油。

四、实验步骤

1. 分光光度计法

（1）配制 0.2 mol/L 表面活性剂溶液。

（2）取 10 支 100ml 容量瓶，分别加入 0ml、0.2ml、0.5ml、0.8ml、1.0ml、1.2ml、1.4ml、1.6ml、1.8ml、2.0ml 苯，再各加入 50ml 0.2mol/L 表面活性剂试样溶液，盖紧塞子以防止苯挥发，摇匀，放置过夜，使体系平衡。

（3）分别往容量瓶中加入约 30ml 蒸馏水，置于 50℃恒温水浴中恒温 0.5h，在此过程中，不时振荡容量瓶（注意防止产生大量泡沫）。恒温后将容量瓶取出，冷至室温，并小心稀释至刻度，摇匀备用。

（4）采用 721 型分光光度计，以不含苯的溶液为空白，1cm 吸收池，在 560nm 波长处测定各溶液的光密度 D。

（5）数据处理：作光密度-苯含量曲线，指出增溶极限 A 值。按下式计算表面活性剂的增溶能力 X（ml/mol）。

$$X = \frac{A \times 1000}{V \times c}$$

式中，A 为由图中找出的增溶极限时苯含量，ml；V 为表面活性剂溶液的用量，ml；c 为表面活性剂溶液的实际浓度，mol/L。

2. 目视法　称取 2.5g 表面活性剂 L-113A 溶解于蒸馏水中，然后转移至 500ml 容量瓶中，并用蒸馏水稀释至刻度，摇匀。取上述样品溶液 200ml 于锥形瓶中，用微量滴定管将 l0#机油滴入锥形瓶中，至混浊出现。摇动 10s，如果溶液仍透明则再滴，直至摇动后混浊不再消失为终点，记录消耗机油的体积（ml）。

增溶能力 X（%）按下式计算：

$$X(\%) = \frac{\rho V}{m} \times 100\%$$

式中，V 为滴定所耗用机油的体积，ml；ρ 为机油的密度，g / ml；m 为试样的质量，g。

五、附注与注意事项

每次测定时，溶液要摇匀后再倒入吸收池中并迅速测定，特别是含苯量高的几批溶液。

六、思考题

当溶液倒入吸收池后，为什么要迅速测定光密度？

实验四十二 润湿力的测定

一、实验目的

1. 掌握表面活性剂润湿能力的意义与测定方法。
2. 掌握测定润湿力的实验操作与计算原理。

二、实验原理

液体润湿固体表面的能力称为润湿力。对于光滑的固体表面，液体的润湿程度通常可用接触角的大小来衡量。对于固体粉末则用润湿热来表示润湿的程度。对于织物（纺织品）则用液体润湿织物所需要的时间来润湿程度。本实验介绍几种常用的润湿力测定方法：接触角法、浸没法和丝光浴法。

1. 接触角法 对于光滑的固体表面，液体的润湿程度通常可用接触角的大小来衡量。接触角的测定可以借助于接触角测定仪。

利用接触角测定仪测定接触角时，是将试样滴在平面板上，再通过反光系统及放大系统将液滴放大，然后用测角器测量接触角的大小。

2. 浸没法 本方法参照标准 GB/T11983。本标准适用于在中性、弱酸性或弱碱性浴中用作纺织润湿剂的所有表面活性剂（不管其离子特性如何），不适用于丝光助剂（强碱性浴）或碳化助剂（强酸性浴）。

在许多纺织应用中，诸如处理或洗涤纺织品及冲洗或净洗这些硬表面，所有过程都是以液相（水或有机溶剂）取代空气、油或污垢相。因此，了解所用润湿剂的润湿力及达到完全润湿所需的时间都是有用而且重要的。

润湿力（浸没法）：棉布浸没于表面活性剂溶液时，溶液取代棉布中包藏的空气的能力。

将已知特性的棉布圆片夹在浸没夹内，浸没于已知浓度的表面活性剂溶液中。由于棉布中包藏有空气，棉布圆片趋向于浮到液面，可借助特制的浸没夹，使棉布圆片保持完全浸没于溶液中。空气被取代，溶液渗透进棉布后，棉布圆片开始下沉。通过测量棉布圆片从浸没到开始下沉的时间间隔来测定润湿时间。

分别测定两种标准（或两种已知润湿特性）的表面活性剂和被测表面活性剂 5 种不同浓度溶液的润湿时间。绘制润湿时间-浓度曲线，比较曲线的相对位置，以确定被测表面活性剂的润湿力。

3. 丝光浴法 本方法参照标准 GB/T5558。

该标准适用于纺织印染工业丝光浴中润湿剂的润湿力测定。

将规定量的丝光浴润湿剂充分溶解于一定浓度的氢氧化钠溶液中，并将特定规格的棉帆布圆片置于试样溶液的液面上，记录其完全润湿所需时间（s）。调节润湿剂标样和试样所用量（ml）（或两种不同试样之量），使润湿时间在规定数值范围内，以标样与试样（或两种不同试样）的用量之比来表示该润湿剂的相对润湿力。

本实验分别采用这三种方法测定润湿力。

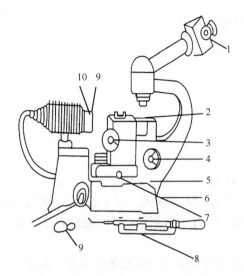

图 4-6　Erma G-1 型接触测定仪

1-活动刻度盘；2-滴液孔；3-内平台升降旋钮；4-升降旋钮；5-水平仪；6-光源开关；7-前后旋钮；8-微量滴液器；9-滤色片；10-光阑

三、仪器与试剂

1. 接触角法

仪器：接触角测定仪（图 4-6）；涂蜡玻璃片。

试剂：表面活性剂试样。

2. 浸没法

仪器：对照原棉布；1000ml 矮型烧杯；浸没夹（图 4-7 和图 4-8）；冲头（打孔器），直径 30mm；秒表精确度 0.1s。

试剂：两种或两种以上已知润湿特性的表面活性剂。

3. 丝光浴法

仪器：玻璃结晶皿，高 5cm，直径 10cm；容量瓶 100ml；移液吸管 100ml；直型刻度吸管 5ml、10ml、15ml、20ml、25ml；磁力搅拌加热器；不锈钢钳子；秒表；剪刀；棉帆布圆片 21 支 3 股×21 支 4 股细帆布，制成直径为 35mm 的圆片（剪制圆片时应戴手套操作，避免用手接触帆布），贮藏备用；带手柄铁丝圈，用直径约为 2mm 的镀锌铁丝制成直径约 30mm 的圆圈及其手柄，如图 4-9 所示。

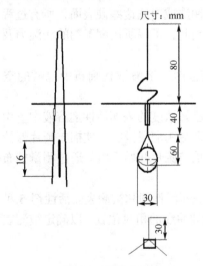

图 4-7　浸没夹子

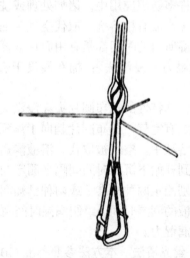

图 4-8　浸没夹式样图

试剂：300g/L 氢氧化钠水溶液。

四、实验步骤

1. 接触角法

（1）用水准仪调节仪器呈水平位置。

（2）接上电源，开启光源开关，选择滤色片，调节光阑，使光线适度。

（3）调节前后旋钮，升降旋钮。内平台升降旋钮，使架板 5 在成像板 7 上有明显轮廓（图 4-10）。

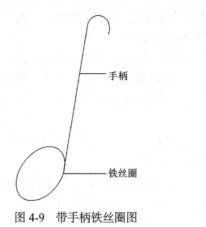

图 4-9 带手柄铁丝圈图

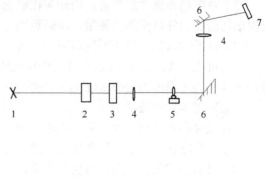

图 4-10 接触角测定仪光路示意图

1-光源；2-光阑；3-滤色片；4-透镜；5-架板；6-反射镜；

7-成像板

（4）把涂有石蜡的玻璃板放在架板 5 上。

（5）调节旋钮找出架板和玻璃板的位置，使成像板上的物像有清晰的水平线，并使此线大致在成像板的中心。

（6）用微量滴液器滴一滴水在玻璃板上。

（7）调节架板的位置，使玻璃板和水滴的轮廓更清晰。

（8）调节活动刻度盘，使其中的测角器的中心（垂直线交点）和水滴物像上的边角顶点相重，而测角器的水平线和玻璃板的投影线相重。

（9）用测角器的分度盘上的测微螺旋固定测角器。

（10）用量角器的标尺测出测角器水平线的位置。

（11）转动测角器，使测角器水平线与水滴物像相切。

（12）用测角器的标尺测出切线的位置，得出润湿接触角的数值。测定应进行 3 次，从中获得平均数。

（13）从液滴物像的另一端来测定润湿接触角，其操作必须按照 8、9、10、11、12 各项进行。

（14）在同一玻璃板上滴上试样液滴，按 7、8、9、12 各项测定润湿接触角。

2. 浸没法

（1）试验份：称量实验室样品于 100ml 烧杯中，精确至 0.1g，其量应足够配制所需浓度的 5 种溶液各 1L。第一种测定浓度应为 1g/L。由所得润湿时间决定其他测定浓度，见"7. 测定"部分最后两段。

（2）表面活性剂溶液的配制：溶解一份样品于水中，可先用 40℃温水将表面活性剂调成浆状，然后用约 20℃的水稀释，并定量移入 1000ml 容量瓶中，用水稀释至刻度。并混匀。

取计算量的上述溶液至 1000ml 容量瓶中，用水稀释至刻度并混匀。以配制所需浓度的溶液。如果表面活性剂的克拉夫特（Krafft）温度高于 40℃，则调浆和溶解温度至少要与其克拉夫特温度相同。将溶液保持在（20±2）℃，直至试验开始。试验应在溶液配制 15min 后至 2h 内进行。除上述规定的条件（水的硬度或 pH、温度、可能的助剂）外，尚可选择其他条件，但应在试验报告中注明。

（3）对照棉布圆片的制备：用冲头在原棉布上截取直径 30mm 的圆片。为了不使棉布表面沾污脂肪和汗渍而影响测量，应避免用手指触摸棉布。

（4）仪器的清洗：所用的仪器清洁与否，在某种程度上决定了试验能否成功。

若有可能，试验前将 1000ml 矮型烧杯用铬酸洗液浸泡过夜。铬酸洗液的配制是在缓慢搅拌下将硫酸（密度为 201.84g/ml）加到等体积的重铬酸钾饱和溶液中。用蒸馏水冲洗至中性，最后用少量试液冲洗。

将浸没夹在乙醇和三氯乙烯共沸混合物中清洗 30min，晾干后再用少量试液冲洗。对同一产品，仅需在测量之间用新浓度的溶液冲洗仪器即可。

（5）仪器的安装：调节浸没夹柄上平面三叉臂滑动支架的位置，使夹持的原棉布圆片于液面下约 40mm 处。浸没夹应仅张开约 6mm，以使棉布圆片保持近于垂直。

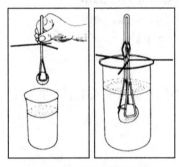

图 4-11   操作图解

（6）溶液的注入：用量筒量取 700ml 试液于 1000ml 矮型烧杯中。为了避免产生不必要的泡沫，操作时应使试液沿容器内壁流下。必要时，用滤纸除去测量烧杯内液面的泡沫。

（7）测定：测定见图 4-11。

测量溶液温度，准确至 1℃。

用浸没夹夹住原棉布圆片，浸入试液，当布片下端一接触溶液，立即启动秒表，将同平面三叉臂放在烧杯口上，并使浸没夹张开。当布片开始自动下沉时，停止秒表。使用同一溶液相继再重复测量 9 次，每次测量后弃去用过的棉布圆片。

取 10 次测量结果的算术平均值作为所测浓度的润湿时间。

对 5 种不同浓度溶液，应逐次增大浓度进行测量。最低浓度溶液的润湿时间应约为 300s，最高浓度溶液的润湿时间应为（5±1）s。有时要用饱和溶液来确定最短的润湿时间。

（8）棉布的校准：使用新的一批对照棉布或欲比较两种不同对照棉布所得结果时，可选定一种已知润湿特性的表面活性剂，在相同的温度和相对湿度条件下，按上述所述程序，测定 5 种不同浓度溶液润湿时间，绘制润湿时间-浓度曲线，比较被测表面活性剂和已知润湿特性表面活性剂的曲线的相对位置，对被测表面活性剂的润湿力做出评价。

3. 丝光浴法

（1）试样的制备

1）50g/L 试样溶液的制备：将试样和标样（或两种不同试样）分别称取 5g（精确至0.001g）于烧杯中，加入 20～30ml 300g/L 氢氧化钠溶液，搅拌至全部溶解（必要时可稍加热），移入 100ml 容量瓶中并用氢氧化钠溶液稀释至刻度，摇匀备用。

2）试样溶液的制备

A. 同一品种试样溶液的制备

a. 润湿剂标样溶液的制备：用直型刻度吸管准确吸取 50g/L 标样溶液若干毫升（具体用量以调节帆布圆片完全润湿所需时间在（100±10）s 为准）置于玻璃结晶皿中，再用移液管准确吸取 200ml 300g/L 氢氧化钠溶液，放入结晶皿中，开动磁力搅拌器使均匀混合。

b. 润湿剂试样溶液的制备同润湿剂标样溶液的制备。

B. 不同品种试样溶液的制备：将每种 50g/L 浓度的试样分别用直型刻度吸管准确吸取 5 个不同体积的量，放入各自的结晶皿中，再用移液吸管分别准确吸取 200ml 300g/L 氢氧化钠溶液，放入上述各个结晶皿中，搅拌均匀。

（2）测定：放有试样溶液的结晶皿置于磁力加热搅拌器上。开动搅拌使试样完全溶解于氢氧化钠溶液中，约需搅拌 15min，并调节溶液温度为（25±1）℃。静置 1min，然后将帆布圆片放在干净的铁丝圈上，小心移置于结晶皿中的液面上，并立即开启秒表，记录帆布圆片完全润湿所需时间（s）。重复测试 5 次，取其平均值，将与平均值相距正负秒数在 20s 以上的数据剔除，然后再求其平均值，即试样的润湿时间（s）。

（3）数据处理：同一品种试样的相对润湿力测定按下式计算。

$$试样的相对润湿力(\%) = \frac{50g/L标样溶液的用量(ml)}{50g/L试样溶液的用量(ml)} \times 100\%$$

不同品种试样的相对润湿力测定，可根据配制的不同用量的 5% 试样溶液和润湿时间，绘制工作曲线（图 4-12）。每一种试样可做一相应曲线。在图中找出在相同润湿时间下，各润湿剂所对应的用量。以某一润湿剂为标准，按下式求出它们的相对润湿力。

$$不同润湿剂的相对润湿力(\%) = \frac{50g/L标准润湿剂的用量(ml)}{50g/L其他润湿剂的用量(ml)} \times 100\%$$

五、附注与注意事项

浸没法测定润湿力时，有以下事项需要注意。

1. 对照原棉布要求使用 GB 2909.1《橡胶工业用棉帆布技术要求》中规定的 202 号帆布，需在相对湿度 65%、温度 20℃ 的标准条件下进行调理。

纱号×股（英制支数/股）=28×8（21/8）×28×8（21/8）；经纱密度 142 根/10cm；纬纱密度（110±4）根/10cm；面密度 560g/m²。

2. 浸没夹由直径约 2mm 的不锈钢丝制成，尺寸见图 4-7，又可见图 4-8（图 4-8 为一种典型的固定式同平面三叉臂浸没夹）。

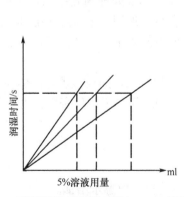

图 4-12　不同润湿剂润湿时间与 50g/L 溶液用量
工作曲线图

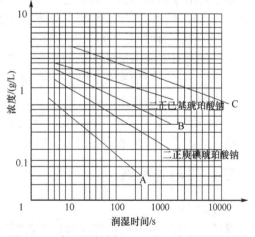

图 4-13　表面活性剂 A、B 和 C 与标准的润湿
时间-浓度关系曲线

3. 冲头使用前需用挥发性溶剂（如二氯甲烷）仔细除去油污。

4. ISO8022 推荐两种二正烷基磺基琥珀酸钠（二正己基磺基琥珀酸钠和二正庚基磺基琥珀酸钠）作为标准，以其润湿时间-浓度曲线与被测表面活性剂的润湿时间-浓度曲线作相对位置比较，以评价被测表面活性剂的润湿力，见图 4-13。本标准改用两种或两种以上已知润湿特性的表面活性剂（包括 ISO8022 推荐的两种二正烷基磺基琥珀酸盐）作相对标准，比较被测样和已知样的润湿时间-浓度曲线的相对位置，评价被测表面活性剂的润湿力。

六、思考题

不同的润湿力测定方法分别适用于哪些表面活性剂的测量？

实验四十三　乳化力的测定

一、实验目的

1. 掌握表面活性剂乳化力的意义与测定原理。
2. 掌握测定乳化力的各种方法与操作技术。

二、实验原理

乳化力是表面活性剂的重要作用之一。

有关乳化力有几个重要的概念。乳化能力——乳化剂促使乳液形成的能力，以配制100g乳液与所耗用的乳化剂的最少克数之比表示。破乳——由于被乳化液体的颗粒聚结而造成的乳液解体。乳液的分离——连续相以透明或澄清的形式出现。

本实验介绍几种常见的乳化力测定方法：乳液特性法、比色法和量筒法。

1. **乳液特性法**　本方法参照标准 GB11543，适用于由表面活性剂、不溶于水的液体或固体与水形成的乳液。该乳液在性能测定的温度范围内应保持其流变性。

用不同浓度的表面活性剂通过机械搅拌制备一系列乳液，根据电导法测定乳液的类型，并在一定条件下测定乳液的性能，由此评定表面活性剂的乳化能力。

2. **比色法**　本方法参照标准 GB 6369，主要适用于流出油处理剂乳化能力的测定。

乳化剂与具有颜色的油类以一定比例进行充分混合后，加到水中，经过振荡，生成乳化液。静置分层后用溶剂萃取乳化层中的油。测定萃取液的光密度，从工作曲线上找到对应的乳化油量，从而算出乳化力的大小。

3. **量筒法**　量筒法是一种测定乳化力的简易方法。利用乳化剂与被乳化液体在混合过程中出现的破乳现象来表征乳化力。出现破乳现象需要的时间越长，代表乳化力越强。

三、仪器与试剂

1. **乳液特性法**
仪器：125ml 具塞磨口玻璃瓶；不锈钢搅拌器；电动机；恒温水浴锅。
试剂：表面活性剂；燃料油。
2. **比色法**
仪器：60ml 球形分液漏斗；10ml、20ml、25ml 移液管；25ml、50ml、100ml 容量瓶；

50ml 具刻度烧杯；水平振荡器，220V，240 次/分；不锈钢制浆式搅拌器及圆柱形杯；手持式转速表；秒表。

试剂：三氯甲烷（化学纯）；燃料油（船用内燃机燃料油），赛氏黏度 400～500s，密度（20℃）0.8872g/cm³；蒸馏水，pH=7～8；无水硫酸钠（化学纯）。

3. 量筒法

仪器：移液管；量筒；具塞三角瓶；玻棒；秒表。

试剂：煤油；苯；全氯乙烯；锭子油；三氯乙烯；松节油。

四、实验步骤

1. 乳液特性法

（1）乳液的制备

1）准备：水相按照 GB72002 的规定测定其电导率，按照 GB 6367 的规定测定其硬度，了解固体油的熔点。

分别称取配制 400g 乳液所需的油相和水相物质（精确至 0.1g）于烧杯中，称取一定量的乳化剂（精确至 0.1g）置于易溶的一相中，将烧杯加盖以免其蒸发，把油相和水相预热至制备乳液所需的两相相同的温度（若油相中含有固体物质，则两相应预热至高于固体熔点 10℃的温度）。

若乳化剂在水相或油相中都不能完全溶解，则将它加入水相中。

2）制备：将搅拌浆置于含油相的烧杯中心，并距底部 2～3mm 处，调节电动机转速为 250 r/min，在恒温条件下，按下述方法将水相加入油相中。

第 1 分钟，滴加 5%的水相。

第 2 分钟，加入 50%的水相。

第 3 分钟，加入其余的水相，维持搅拌 2min，在冷水浴中继续搅拌至室温，将制备好的乳液移入洁净干燥的具塞磨口玻璃瓶中，备用。

（2）乳液性能的测定

1）乳液类型的测定：测定乳液的电导率。O/W 型乳液的电导率比水相的电导率大。W/O 型乳液的电导率比水相的电导率小。

2）目测方法及结果的评定：在强烈照明的情况下，目测装在具塞磨口玻璃瓶中的乳液所呈的现象，并按表 4-6 对乳液的稳定性进行评定。

3）储藏稳定性的测定：将装有乳液的具塞磨口玻璃瓶在（32±2）℃恒温下或其他温度（如 0℃或 45℃）条件下，放置一定时间（例如数小时，一星期或数星期）后进行目测评定。

4）离心稳定性的测定

a. 仪器：离心机（转速可达 4000 r/min）；离心分离管 10ml。

b. 测定：将 10ml 乳液注入离心分离管中，在 4000 r/min（或其他转速）条件下，离心分离 10min（在特殊情况下，离心分离 60min）后进行目测评定，并记录所观察到的现象。

表 4-6　乳液稳定性评定表

乳液的稳定性/级	乳液所呈的现象
1	良好的均匀性
2	初步可见稠度不匀
3	向不均匀的清晰转化
4	初步可见相的分离
5	明显可见相的分离
6	两个相完全分离

5）乳液粒径的测定

a. 仪器：显微镜 500～1500 倍。

b. 测定：乳液制备完毕后 20min，用移液管吸取一定量乳液，在 5min 内用显微镜观察其一般外观，颗粒最大直径、平均直径及凝聚趋势，并记录最大直径和最小直径的颗粒数。

对于油相浓度超过 10% 的乳液，可采用相同的水相将乳液稀释（必要时，可加入少量乳化剂或稳定剂），使油相浓度下降到 5%～10%，再用移液管吸取一滴乳液稀释液，进行显微镜观察。显微镜放大倍数应根据颗粒的大小调节。

也可通过显微摄影技术来测定乳液的粒径大小和分布情况，显微镜观察仅适用于 O/W 型乳液。

6）冷热循环稳定性测定

a. 仪器：冰箱（可调节温度至 -10℃）；架盘药物天平最大称量 500g，感量 0.5g。

b. 测定：称取 100g 乳液（精确至 1g）置于具塞磨口玻璃瓶中，在 (-10±2)℃ 条件下，放置 16h 后于（23±2）℃ 条件下继续放置 8h，作为一次冷热循环（凝胶-解冻），观察乳液状态的变化（破乳、聚结、聚凝或分离）。若乳液无明显变化，重复上述循环直至乳液状态发生变化或重复循环 5 次。

乳液对冷热循环的稳定性以经受凝胶-解冻的循环次数表示。

（3）乳化能力的评定：对由不同浓度的乳化剂配成的一系列乳液按本标准规定的方法测定其各项性能，以配制各项性能相对最佳的乳液 100g 与所需乳化剂的最少克数之比来表示该乳化剂的乳化能力。

2. 比色法

（1）绘制工作曲线图：称取燃料油 0.5g（精确至 0.001g），用三氯甲烷稀释至 100ml。分别吸取 1ml，2ml，3ml，4ml，5ml，6ml，各稀释至 50ml，测定光密度，根据所测的 6 个光密度值，与已知油的含量作出一条工作曲线。

（2）燃料油与乳化剂混合物的配制：称取燃料油 30g（精确至 0.1g），放入搅拌器中，开动搅拌。再称取乳化剂 0.6g（精确至 0.05g），滴加到正在搅拌的燃料油中。调节搅拌速度为 1400～1500r/min，搅拌 0.5h。

（3）测定：在 3 支 60 ml 分液漏斗中各加规定温度的蒸馏水（pH=7）25ml，然后分别加入新配制的乳化剂与油混合物 0.2g（精确至 0.001g），再各补加蒸馏水 25ml。

将分液漏斗置于水平振荡器上，振荡 2min，然后垂直置于支架上静置 30s。放下乳化层溶液 30ml 于烧杯中，用移液管将溶液搅动均匀后吸取 10ml，放入另一 60ml 分液漏斗中。用三氯甲烷约 50ml，分几次进行萃取，萃取液收集在 50ml 容量瓶中，直至刻度处。若发现萃取液较混浊，可加入无水硫酸钠进行脱水，使溶液呈透明褐色。

在 λ=400nm 波长条件下，以三氯甲烷为对比液，对 3 支容量瓶内的萃取液进行光密度测定。根据光密度值，从工作曲线上找到对应的含油量，与加入油量相比，求出该表面活性剂的乳化力。

以百分率来表示乳化力的大小。计算式如下。

$$乳化力(\%) = \frac{CV}{m} \times 100\%$$

式中，C 为从工作曲线上查得的乳化油量，g/L；V 为萃取液体积，L；m 为加入乳化剂和燃料油的量，g。

由同一分析人员进行的 3 次测试中至少两次结果的差不超过平均值的 5%。

3. 量筒法

（1）用移液管吸取 40ml 1g/L 试样溶液放入有玻璃塞子的三角瓶内，再用移液管吸取 40ml 矿物油放入同一个三角瓶内。塞上玻璃塞，上下猛烈振动 5 下，静置 1min，再同样振动 5 下，静置 1min，如此重复 5 次。将此乳浊液倒入 100ml 量筒中，立即用秒表记录时间，此时水油两相逐渐分开，水相徐徐出现，至水相分出 10ml 时，记录分出的时间，作为乳化力的相对比较，乳化力越强，则时间也越长。

（2）在 55ml 水和 40ml 油的混合液中加入 5ml 试验液，进行充分混合后放置，过 60min 后观察油层和水层的分离情况，分别记录油层及水层的毫升数。

分别用下列试剂作为油相进行试验：煤油、苯、全氯乙烯、锭子油、三氯乙烯、松节油。

五、附注与注意事项

乳液特性法中，实验记录应包括下列内容：水相的电导率、硬度；配制乳液时的温度；乳液配方；乳液的类型；乳液稳定性的测试条件及结果；显微镜放大倍数及观察结果；乳化能力的评定。

六、思考题

1. 不同方法测定乳化力的原理有哪些不同？
2. 乳化力的评定标准有哪些？

实验四十四 发泡力的测定

一、实验目的

1. 掌握表面活性剂发泡力的意义与测量原理。
2. 掌握改进 Ross-Miles 法测定发泡力的操作技术。

二、实验原理

发泡是表面活性剂的基本特征之一。国际标准 ISO696 和国家标准 GB/T7462 中规定了罗氏泡沫仪测定发泡力的方法。本实验参照国家标准，采用改进 Ross-Miles 法测定表面活性剂发泡力，该方法适用于大多数表面活性剂发泡力的测定。该方法测量易于水解的表面活性剂溶液的发泡力时，不能给出可靠的结果，因为水解物聚集在液膜中，影响泡沫的持久性。该法也不适用于非常稀的表面活性剂溶液发泡力的测定。

本法的测定原理是使 500ml 表面活性剂溶液从 450mm 高度流到相同溶液的液体表面之后，测量得到的泡沫体积，即为发泡力。

三、仪器与试剂

仪器：泡沫仪，由分液漏斗、计量管、夹套量筒及支架部分组成（图 4-14～图 4-17）；500ml 刻度量筒；1000ml 容量瓶；恒温水浴：带有循环水泵，可控制水温于（50±0.5）℃。

试剂：待测表面活性剂样品。

四、实验步骤

1. 仪器的清洗 彻底清洗仪器是试验成功的关键。试验前尽可能将所有玻璃器皿与重铬酸硫酸混合液浸泡过夜。然后用水冲洗至 pH 为中性，再用少量的待测溶液冲洗。

将安装管和计量管组件在乙醇和三氯乙烯的共沸混合物蒸气中保持 30min，然后用少量待测溶液冲洗。

对同一产品相继间的测量，用待测溶液简单冲洗仪器即可，如需要除去残留在量筒中的泡沫时，不管用什么方法来完成，随后都要用待测溶液冲洗。

2. 仪器的安装 用橡皮管将恒温水浴的出水管和回水管分别连接至夹套量筒夹套的进水管（下）和出水管（上），调节恒温水浴温度至（50±0.5）℃。

安装带有计量管的分液漏斗，调节支架，使量筒的轴线和计量管的轴线相吻合，并使计量管的下端位于量筒内 50ml 溶液的水平面上 450mm 标线处。

3. 待测样品溶液的配制 取一定量待测样品，按其工作浓度或其产品标准中规定的实验浓度配制溶液。配制溶液先调浆，然后用所选择的已预热至 50℃ 的水溶解。务必小心缓慢混合，不搅拌，以防止泡沫形成，保持溶液于（50±0.5）℃，直至试验进行。

稀释用水可用鼓泡法制备经空气饱和的蒸馏水或用 3mmol/L 钙离子（Ca^{2+}）硬水。

在测量时溶液的时效，应不少于 30min，不大于 2h。

4. 灌装仪器 将配制的溶液沿着内壁倒入夹套量筒至 50ml 标线，避免在表面形成泡沫，也可用灌装分液漏斗的曲颈漏斗来灌装。

第一次测定时，将部分试液灌入分液漏斗至 150mm 刻度处，并将计量管的下端浸入保持（50±0.5）℃的盛有试液的小烧杯中，用连接到分液漏斗顶部的适当抽气器吸引液体。这是避免在旋塞孔形成气泡的最可靠方法。将小烧杯放在分液漏斗下面，直到测定开始。

为了完成灌装，用 500ml 刻度量筒量取 500ml 保持在（50±0.5）℃的试液倒入分液漏斗，缓慢进行此操作。为了避免生成泡沫，可用一专用曲颈漏斗，使曲颈的末端贴在分液漏斗的内壁上来倾倒试液。为了随后的测定，将分液漏斗放空，至旋塞上面 10～20mm 的高度。仍将分液漏斗放在盛满（50±0.5）℃的试验溶液的烧杯中，再用试验溶液灌装分液漏斗至 150mm 刻度处，然后，如上所述，再次倒入 500ml 保持在（50±0.5）℃的试验溶液。

5. 测定 使溶液不断地流下，直到水平面降至 150mm 刻度处，记录流出时间。流出时间与观测的流出时间算术平均值之差大于 5% 的所有测量应予忽略，异常的长时间表明在计量管或旋塞中有空气泡存在。在液流停止后 30s、3min 和 5min，分别测量泡沫体积（仅仅泡沫）。

如果泡沫的上面中心处有低洼，按中心和边缘之间的算术平均值记录读数。

进行重复测量，每次都要配制新鲜溶液，取得至少 3 次结果，重复测定结果之间的差值不超过 15ml，以重复测定结果的算术平均值作为最后结果。

6. 检验结果分析

五、附注与注意事项

泡沫仪由分液漏斗、计量管、夹套量筒及支架部分组成（图 4-14～图 4-17）。具体要求如下。

1. 分液漏斗 容量 1L，其构成为有一个球形泡与长 200mm 的管子相连接，管的下端有一旋塞。分液漏斗梗在旋塞轴心线以上 150mm 处带一刻度，供在试验中指示流出量的下限。在分液漏斗旋塞轴线下 40mm 处严格地垂直于管的长度切断管子的下端，见图 4-14。

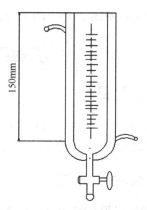

图 4-14　分液漏斗　　　　　　　　　图 4-15　计量管装配图

2. **计量管**　不锈钢材质，长 70mm，内径（1.9±0.02）mm，壁厚 0.3mm。管子的两端用精密工具车床垂直于管的轴线精确地切割。计量管配入长度为 10～20mm 的钢或黄铜安装管，安装管的内径等于计量管的外径，外径等于分液漏斗的玻璃旋塞的底端管外径。计量管上端和安装管上端应在同一平面上，用一段短的厚橡皮管（真空橡皮管）固定安装管，使得安装管的上端和玻璃旋塞的底端相接触，见图 4-15。

3. **夹套量筒**　容量 1.3L，刻度分度 10ml。由壁厚均匀的耐化学腐蚀的玻璃管制成，管内径（65±1）mm，下端缩成半球形，并焊接一梗管直径 12mm 的直孔标准锥形旋塞，塞孔直径 6mm。下端 50ml 处刻一环形标线，由此线往上按分度 10ml 刻度，直至 1300ml 刻度，容量准确度应满足（1300±13）ml。距 50ml 标线以上 450mm 处刻一环形标线，作为计量管下端位置标记。量筒外焊接外径约 90mm 的夹套管，见图 4-16。

4. **支架**　使分液漏斗和量筒固定在规定的相对位置，并保证分液漏斗流出液对准量筒中心，见图 4-17。

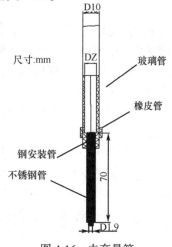

图 4-16　夹套量筒

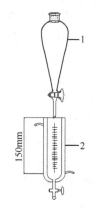

图 4-17　仪器装配示意图

1-分液漏斗；2-夹套量筒

六、思考题

改进 Ross-Miles 法适合测定什么类型表面活性剂的发泡力？

实验四十五　分散力的测定

一、实验目的

1. 掌握表面活性剂分散力的意义与测量原理。
2. 掌握测定分散力的各种方法与操作技术。

二、实验原理

固体微粒浸没在液体中，容易结粒成块而下沉，表面活性剂有使固体微粒的结粒分散成细小的质点而不容易下沉的能力，这种能力称为分散力。

测定分散力，通常是测定对钙肥皂的分散力，一般认为对钙肥皂的分散力好的，对其他固体的分散力也是比较好的。

测定分散力的方法有分散指数法、酸碱滴定法、滤纸扩散圈法等。

1. 分散指数法　基本原理是在实验条件下测定完全分散难溶性金属皂（钙、镁皂）所需分散剂的最低量，以油酸钠在一定硬水中所需分散剂（表面活性剂）的质量分数表示该分散剂的分散指数（LSDP%），该值越低，分散力越强。

2. 酸碱滴定法（改进 Schoen-Feldt 法）　本方法参照标准 GB7463。

钙皂分散力系指 1g 表面活性剂可以完全分散的肥皂的量，以 g 表示。该标准规定了一种酸量滴定法，以测定使至少 95%（质量分数）的钙皂完全分散保持 1h 所需的表面活性剂的最低量。该标准适用于所有类型的表面活性剂。只要这些表面活性剂不干扰钙皂的酸量滴定即可，但不应存在碱性无机盐，如磷酸盐、碳酸盐和硅酸盐等。

基本原理是配制 0.5%（质量分数）的肥皂水溶液，在实验温度下放置 24h 后，取一份此溶液的整分份。将此整分份和一份表面活性剂的稀溶液混合，然后再与规定体积的已知钙硬度的水混合。保持该混合物于试验温度下放置 1h（使得钙皂絮凝层到表面），以溴甲酚绿作指示剂，用盐酸标准溶液滴定一整分份下层溶液中存在的钙皂。

3. 滤纸扩散圈法　本方法参照标准 GB 5550，规定了表面活性剂纺织助剂分散力的测定方法。该标准适用于一般阴离子型分散剂分散力的测定。

基本测量原理是在定量的快色素大红 3RS 溶液中，分别加入定量的分散剂样品和标准品溶液，在（20±2）℃及搅拌情况下，加入定量的硫酸溶液，使快色素中的反式重氮盐转为顺式重氮盐并与色酚偶合成红色不溶性偶氮染料粒子，在密闭条件下，滴滤纸渗圈，比较被测样与标准样的渗圈大小，从而计算出分散剂的分散力大小。

三、仪器与试剂

1. 分散指数法

仪器：100ml 具塞量筒（或有 30ml 刻度的具塞比色管）。

试剂：5g/L 油酸钠溶液；硬水；分散剂（表面活性剂）溶液 0.25g/100ml。

2. 酸碱滴定法

仪器：100ml 具塞量筒；10ml、20ml 和 50ml 移液管；恒温水浴锅（40±0.5）℃。

试剂：已知钙硬度的水 1000mg/kg；100g/L 油酸钠水溶液；0.01mol/L 盐酸标准溶液；1g/L 溴甲酚绿（$C_{21}H_{14}Br_4O_5S$）溶液。

3. 滤纸扩散圈法

仪器：磁力加热搅拌器；500ml 容量瓶；玻璃漏斗，φ8cm；移液管，1ml、5ml；5ml、10ml、25ml 刻度吸管；φ11cm 快速定性滤纸；DP-1 型分散力测定仪；180mm×180mm×5mm 玻璃；180mm×180mm×10mm 有机玻璃（在有机玻璃中心有一 φ3mm 小孔）；秒表；铅笔；不锈钢直尺 1mm 分刻度；恒温水浴锅。

试剂：无水乙醇，化学纯；60g/L 快色素大红 3RS 溶液，称取快色素大红 3RS69（精确至 0.01g）于烧杯中，加入 6ml 无水乙醇打浆，加入 6.0ml 330g/L 氢氧化钠溶液，搅拌均匀，加 60℃的蒸馏水 88ml，搅拌配成快色素大红 3RS 溶液，过滤，冷却至室温备用；0.5mol/L 硫酸溶液；330g/L 氢氧化钠溶液。

四、实验步骤

1. 分散指数法

（1）5g/L 油酸钠溶液的配制：配制 5g/L 油酸钠水溶液，可用油酸加纯碱的方法。称取油酸（化学纯）2～3g 于 500ml 蒸馏水中，加热溶解，小批加入 0.5g 无水碳酸钠，最后的溶液 pH 调整为 8～9（如果不到，应加一些无水碳酸钠）。

（2）硬水的配制：以 1g Ca_2CO_3/L 计算硬度，将 0.665g 无水氯化钙及 0.986g 七水硫酸镁溶于蒸馏水中，再稀释至 1000ml。

（3）测定：在室温下（一般恒定在 25℃），吸取 5ml 5g/L 油酸钠溶液于 100ml 具塞量筒中，加入适量 2.5g/L 分散剂溶液（以 5ml 为宜），加入 10ml 硬水，再加水至 30ml 加塞，倒转 20 次，每次均回到起始位置，静置 30s，观察钙皂粒的情况，如在透明溶液间有凝聚沉淀，说明分散剂的用量不够，应增加分散剂的用量，使凝物在管中全部分散，直至量筒中呈半透明，无大块凝聚物存在即为终点。

分散指数按下式计算。

$$分散指数(LSDP\%) = \frac{C_1V_1}{C_2V_2} \times 100$$

式中，V_1 为试验所需分散剂溶液的体积，ml；V_2 为加入油酸钠溶液的体积，5ml；C_1 为分散剂溶液的浓度，g/L；C_2 为油酸钠溶液的浓度，g/L。

2. 酸碱滴定法

（1）样品的制备

1）100g/L 油酸钠水溶液的配制：称取 92.78g 油酸，精确至 0.001g。用 328.5ml 1mol/L 氢氧化钠溶液溶解。冷却至室温，定量地转移至 1000ml 容量瓶中，用水定容。

2）1g/L 溴甲酚绿（$C_{21}H_{14}Br_4O_5S$）溶液的配制：溶解 0.25g 溴甲酚绿于 57.2ml 的 0.01mol/L 氢氧化钠溶液中，定量转移该溶液至 250ml 容量瓶中，以水定容。

3）稀皂液：移取 50ml 100g/L 油酸钠溶液，相当于 5.00g 无水皂，置 1000ml 容量瓶中，定容，在实验温度（40±0.5）℃下恒温 24～48h。

4）分散剂溶液：溶解 1.00g 表面活性剂（如果分散力低则要用 5.00g）于 1L 水中，并加热至实验温度。

（2）皂液的滴定：用 20ml 移液管移取 20ml 稀皂液至 100ml 具塞量筒中，用水稀释至 100ml。取 10ml 上述溶液，加 3 滴溴甲酚绿溶液，用 0.01mol/L 盐酸标准溶液滴定到由蓝色变为绿色，记录溶液体积 V_0。

（3）测定：用 20ml 移液管移取 20ml 稀皂液至 100ml 具塞量筒中，加入 Vlml 分散剂溶液和（50−V_1）ml 预加热至实验温度的蒸馏水。用磨口玻璃塞盖上量筒，以缓慢倒转量筒并复位的方法使其混合，这个操作需 1s，重复操作 3 次。加入 30ml 已知硬度水（1000mg/kg），盖上量筒塞子后如前进行混合，重复操作 5 次。然后将量筒放在恒温水浴中，在温度（40±0.5）℃下保持 5min，如前再次混合，重复操作 5 次。然后将一支上端用气密塞密闭的 10ml 移液管，放置量筒中，使尖嘴离量筒底部约 1cm。把刻度量筒放回到恒温水浴中，然后去掉移液管上的气密塞，移取 10ml 溶液，加入 3 滴溴甲酚绿指示液，用 0.01mol/L 盐酸标准溶液滴定至颜色由蓝色突变为绿色。

钙皂分散力，以分散的肥皂量除以分散剂的最小量表示。

对于 0.1%（质量分数）分散剂溶液，钙皂分散力=100/V_1最小。

对于 0.5%（质量分数）分散剂溶液，钙皂分散力=20/V_1最小。

3. 滤纸扩散圈法

（1）分散剂试样和标准样溶液的配制：称取试样和标准样各 0.5g（或 1g、6g，视分散剂分散力的大小而定，精确至 0.001g）。置于烧杯中，加蒸馏水溶解，移入 500ml 容量瓶中稀释至刻度，摇匀备用。

（2）测定液的配制：分别吸取试样溶液 19ml、20ml 和标样溶液 19ml、20ml、21ml，置于 5 只 150ml 烧杯中，加入规定量的蒸馏水，各加入快色素大红 3RS 溶液 5.0ml，置于恒温水浴锅（或冷水浴）中，保持温度为（20±2）℃，分别取出置于磁力搅拌器上，在相同的搅拌速度条件下，一次加入 4.0ml 0.50mol/L 硫酸溶液，搅拌 2min，取下静置备用。

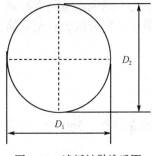

图 4-18　滤纸扩散渗透圈

（3）滤纸扩散渗圈的滴定操作：把两张滤纸以经纬向呈 90°。交叉重叠置于有机玻璃和玻璃板之间，用 1.0ml 移液管自烧杯中部吸取 1.0ml 测定液，逐滴滴于有机玻璃板中心的小孔中。测定液逐滴向四周扩散，形成中间为红色的渗圈和外圈的水圈，当最后一滴测定液渗入滤纸后，用秒表计时间，2min 后把滤纸取出，立即用铅笔划出红色渗圈区的最长直径 D_1，并在垂直于 D_1 方向划出直径 D_2（图 4-18），将滤纸晾干。

（4）F 值的计算：F 值为渗圈的平均扩散面积参数，单位为 mm²。用直尺准确量红色区的 D_1 和 D_2 值。F 值按下式计算。

$$F = \frac{D_1^2 + D_2^2}{2}$$

式中，D_1 为红色渗圈区的最长直径，mm；D_2 为红色渗圈区与最长直径呈垂直方向的直径，mm。

通过计算可得出 5 个 F 值，即 F_1 —— 分散剂试样溶液用量为 19ml 的 F 值；F_2 —— 分散剂试样溶液用量为 20ml 的 F 值；F_3 —— 分散剂标准样溶液用量为 19ml 的 F 值；F_4 —— 分散剂标准样溶液用量为 20ml 的 F 值；F_5 —— 分散剂标准样溶液用量为 21ml 的 F 值。要求所测得的 F 值分档清，即 $F_2 > F_1$、$F_5 > F_4 > F_3$ 作为计算依据。

（5）分散力值的计算：把试样的 F_1 值分别与标样的 F_3、F_4、F_5 值比较，若接近于 F_3 值，则试样的分散力值 P_1 按下式计算

$$P_1(\%) = \frac{F_1}{F_3} \times 100$$

若接近于 F_4 值，则试样的分散力值 P_1 按下式计算

$$P_1(\%) = \frac{F_1}{F_4} \times 105$$

若接近于 F_5 值，则试样的分散力值 P_1 按下式计算

$$P_1(\%) = \frac{F_1}{F_5} \times 100$$

同样，把试样的 F_2 值分别与标样的 F_3、F_4、F_5 值比较，若接近于 F_3 值，则试样的分散力值按下式计算

$$P = \frac{P_1 + P_2}{2}$$

若接近于 F_4 值，则试样的分散力值 P_2 按下式计算

$$P_2(\%) = \frac{F_2}{F_4} \times 100$$

若接近于 F_5 值，则试样的分散力值 P_2 按下式计算

$$P_2(\%) = \frac{F_2}{F_5} \times 105$$

本方法 P_1 与 P_2 值的绝对差值应小于 5%，若 P_1 与 P_2 值的误差在允许范围内，则取其算术平均值作为试样的分散力：

$$P = \frac{P_1 + P_2}{2}$$

若 P_1 与 P_2 值的误差大于本方法的允许误差，则需重新测定。

（6）分散力的评定：若试样的分散力为（100±1）%，则评定为 100%；若试样的分散力为（105±1）%，则评定为 105%；若试样的分散力在 101%～104%。则评定为 100%～105%。其余以此类推。若试样的 F 值不在标准样的 F 值范围内，则应调整试样溶液的用量（体积）重新配制试样进行液滴的测定。

五、思考题

1. 什么是分散指数？分散力对表面活性剂有什么意义？
2. 滤纸扩散圈法、酸碱滴定法和分散指数法都可以测定分散力，三者在测定原理上有什么异同？

实验四十六　洗涤力的测定

一、实验目的

1. 了解表面活性剂洗涤作用的过程及去污的原理。
2. 掌握测定洗涤力的操作方法与评价标准。

二、实验原理

　　洗涤作用可以简单地定义为，自浸在某种液体介质（一般为水）中的固体表面去除污垢的过程。在此过程中，借助于某些化学物质（洗涤剂，即表面活性剂）以减弱污物与固体表面的黏附作用，并施以机械力搅动，使污垢与固体表面分离而悬浮于液体介质中，最后将污物洗净、冲去。

　　在洗涤过程中，洗涤剂是必不可少的。当今，合成表面活性剂如烷基苯磺酸钠、烷基硫酸钠及聚氧乙烯链的非离子表面活性剂，作为洗涤剂的重要组分，大量地代替了肥皂。洗涤剂的一种作用，是去除物品表面上的污垢，另外一种作用则是对污垢的悬浮、分散作用，使之不易在物品表面上再沉积，整个过程是在介质（一般是水）中进行的。整个过程是平衡可逆的。若洗涤剂性能甚差（一是使污垢与物品表面分离的能力差，二是分散、悬浮污垢的能力差，易于再沉积），则洗涤过程不能很好地完成。

三、仪器与试剂

　　仪器：大烧杯；玻璃棒；温度计；台秤；滴管；计时器；酒精灯。

　　试剂：全棉白布；涤棉白布；涤纶白布（也可以是各种颜色较浅的布条）；碳素墨水；橙子；番茄；酱油和食用油。

四、实验步骤

1. 污渍液的配置

（1）把酱油和食用油按照 1∶1 的质量比混合即为油污渍液。

（2）分别将鲜橙和番茄切碎、捣烂，过滤，即为鲜橙汁、番茄汁。

2. 布上污渍的制作

（1）取全棉（或涤棉或涤纶）面料的白布，裁剪成数块大小相当的布条。

（2）分别在这些布条相隔 2cm 处滴加 2 滴配好的橙汁、番茄汁、酱油、食用油、混合油和碳素墨水六种污渍，晾干，并形成橙渍、番茄渍、酱油渍、食用油渍、混合油污渍和墨水渍。

3. 试样溶液的配制　　按不同类型的产品性能和要求，称取试样 0.1～2g（精确至 0.001g，称量范围也可根据产品洗涤力的大小另行调节），分别置于烧杯中，加蒸馏水少许，使之溶解，然后转移到 500ml 容量瓶中，稀释至刻度，摇匀，备用。

4. 洗涤过程　　量取试样溶液 200ml 于 500ml 烧杯中，放入有污渍的布条，浸泡 10min。每隔 1min 用玻璃棒搅拌一次，每次搅拌时间约 20s，直到规定时间结束。

　　取出布条，用自来水清洗两次后晾干，对比观察去污效果。

用同样的方法，实验试样对污渍滴加时间的长短、水温高低、洗涤时间长短和试样用量多少的污渍洗涤效果有何影响，然后进行比较，得出结论。

五、附注与注意事项

1. **洗涤力的评价标准** 洗涤力效果可以设为五个等级，分别为 1、2、3、4 和 5。1 为去污力最差，5 为去污力最好，3 为中等，2、4 的去污力分别介于 1 与 3、3 与 5 之间。将各种表面活性剂对六种污渍的去污力效果分值（去污值）累加起来，分值最高则去污力最好。对于每一表面活性剂去污力效果（去污效能）的观察，最好是三人以上评判，取其平均值。用这种方法，我们测定的是表面活性剂对各种污渍的综合洗涤能力。如果我们单一来看各种表面活性剂对不同污渍的去污值，就可以比较出不同表面活性剂对于同一污渍的去污力效果。

2. **不同表面活性剂对不同布料上的污渍洗涤效果实验** 条件：污渍放置时间为 2h，洗涤时间为 20min，其他条件同实验步骤。

3. **同一表面活性剂对不同放置时间的污渍洗涤效果的实验** 条件：污渍放置的时间分别为 12h、24h 和 48h，洗涤时间为 20min，其他条件同实验步骤。

4. **水温不同，同一表面活性剂对不同布料上的污渍洗涤效果的实验** 条件：污渍放置的时间为 2h，水温分别为 20℃、40℃和 60℃，洗涤时间为 20min，其他条件同实验步骤。

5. **洗涤时间不同，同一表面活性剂对不同布料上的污渍洗涤效果实验** 条件：污渍放置的时间为 2h，洗涤时间分别为 20min、30min 和 40min，其他条件同实验步骤。

6. **同一品牌、不同用量的表面活性剂对不同布料上的污渍洗涤效果实验** 条件：污渍放置的时间为 2h，洗涤时间为 20min，洗衣粉的取量分别为 1g、2g、3g 和 4g，其他条件同实验步骤。

六、思考题

表面活性剂为什么有洗涤作用？

实验四十七 杀菌力的测定

一、实验目的

1. 了解硫酸盐还原菌对二次采油油井中金属腐蚀的原因。
2. 熟悉表面活性剂的杀菌力概念。
3. 掌握苯扎氯铵和双季铵盐 BQ 表面活性剂杀菌能力的测定方法。

二、实验原理

油田污水水质适合硫酸盐还原菌（SRB）的生长，导致 SRB 的大量繁殖，从而会造成污水管线和油套管的腐蚀穿孔。SRB 的代谢产物 FeS 沉淀的产生还会造成地层的堵塞，引起注水量下降，直接影响原油产量。

十二烷基二甲基苄基氯化铵，又名苯扎氯铵、杀藻胺 DDBAC、洁尔灭，编号 1227。它是一种阳离子表面活性剂，属非氧化性杀菌剂，具有广谱、高效的杀菌灭藻能力，能有效地控制水中菌藻繁殖和黏泥生长，并具有良好的黏泥剥离作用和一定的分散、渗透作用，同时具有一定的去油、除臭能力和缓蚀作用。

双季铵盐具有较强的杀菌活性，一方面是由于分子中具有两个长链的疏水基团；另一方面是由于分子中有两个带正电荷的 N^+ 离子，通过诱导作用使分子中的氮上的正电荷密度增加，更有利于杀菌剂分子在细菌表面的吸附，在细菌表面形成一高浓度的离子团，破坏控制细胞渗透性的原生质膜，从而使细菌致死。此外，双季铵盐吸附到细菌体表面后，有利于疏水基与亲水基分别深入菌体细胞的类脂层与蛋白层，导致酶失去活性和蛋白质变性。上述两种作用的联合效应，使得双季铵盐具有较强的杀菌能力。

三、仪器与试剂

仪器：电热恒温培养箱；烧杯；量筒；注射器。

试剂：双季铵盐 BQ；苯扎氯铵（1227）；SRB 细菌测试瓶；油田污水水样。

四、实验步骤

1. SRB 细菌培养 用注射器取 1ml 油田污水水样注射到 SRB 细菌测试瓶中，放入 35℃ 电热恒温箱中培养，放置 14 天，可观察到测试瓶中液体由无色变成黑色，说明有 SRB 细菌生成。

2. 细菌数目分析 按照《油田注入水细菌分析方法——绝迹稀释法》（SY/T0532）分析水样中细菌个数。即将欲测定水样用无菌注射器逐级注入测试瓶中进行接种稀释，送实验室培养，根据细菌瓶阳性反应和稀释倍数，计算出细菌的数目。

3. 杀菌率测定与比较 按照《杀菌剂性能评价方法》（SY/T5890）。采用绝迹稀释法，测定加杀菌剂前后水样中硫酸盐还原菌含量，计算杀菌率，评价杀菌效果。

$$杀菌率公式：Y=\frac{B_1-B_2}{B_1}\times100\%$$

式中，Y 为杀菌剂的杀菌率；B_1 为加杀菌剂前水样中细菌含量，个/ml；B_2 为加杀菌剂后水样中细菌含量，个/ml。

取一定量经过稀释后的双季铵盐 BQ、苯扎氯铵对水样中的 SRB 进行杀菌实验，并比较杀菌性能强弱。

五、附注与注意事项

双季铵盐 BQ 可在实验室自行制备。

1. 试剂与仪器 N,N-二甲基十二烷基叔胺；1，2-二溴乙烷；1，4-二溴丁烷；乙酸乙酯；无水乙醇；电子天平；调温电热套；恒温水浴锅；恒温加热磁力搅拌器；循环水式真空泵；减压干燥箱电热恒温鼓风干燥箱；实验室常用玻璃仪器等。

2. 合成步骤 ①取一定量的 N,N-二甲基十二烷基叔胺和二卤代烷，按一定物质的量比置于干燥的反应器中，加入一定量的有机溶剂，加热回流；②维持反应时间数小时，得到淡黄色混合物；③常压下于 90℃下蒸除溶剂；④待温度下降至 50℃左右时，加入混合重结晶溶剂[无水乙醇∶乙酸乙酯＝1∶5（体积比）]，搅拌混合均匀。若溶液混浊，可适当加热升温或补充适量混合重结晶溶剂；⑤将混合溶液转入烧杯，以少量溶剂润洗烧瓶后并入烧杯，混匀后冷却结晶；⑥以同样的方法结晶三次，将所得白色固体置于真空烘箱内，50～60℃下真空干燥 10h 左右，称重后装存。

六、思考题

1. 双季铵盐表面活性剂属于阳离子型表面活性剂，阳离子型表面活性剂还有哪些？举例说明它们在现实生活中的应用。

2. 举例说明阳离子表面活性剂与阴离子表面活性剂在结构与功能上的区别。

第五章

表面活性剂分析实验

第一节　表面活性剂基本参数确定

表面活性剂在日用化工、食品、农药、医药、合成化学、石油开采等众多领域都有它的特殊用途，特别是一些新型功能性表面活性剂的开发，为这方面的研究提供了新的动力，所以对于表面活性剂的分析就显得至关重要。

表面活性剂的酸值、碘值、皂化值、盐分及水分，直接影响其质量和应用范围。

本节共安排 3 个实验，介绍表面活性剂基本参数及部分物质含量的测定。

实验四十八　酸值、碘值、皂化值的测定

一、实验目的

1. 了解酸值、碘值、皂化值的概念。
2. 掌握酸值、碘值、皂化值的测定原理及方法。

二、实验原理

酸值、碘值、皂化值是评价油脂属性的 3 个主要数据。

1. **酸值**　是指中和 1g 物料中的游离酸所需消耗氢氧化钾的毫克数。酸值的大小反映了脂肪中游离酸含量的多少。

2. **碘值**　是指 100g 物料与碘加成时所消耗碘的克数。碘值是用来测定油脂不饱和性的一个指标，并以此衡量油脂的属性。例如，干性油的碘值在 130 以上；半干性油的碘值在 $100 \sim 130$；不干性油的碘值在 100 以下。

测定碘值的方法有两种：一种是标准法，另一种是碘-乙醇法。本实验采用后一种方法。碘的乙醇溶液与水作用生成次碘酸：

$$I_2 + H_2O \longrightarrow HIO + HI$$

次碘酸能比碘更迅速地与不饱和脂肪酸反应：

$$R—HC{=}CH—R + HIO \longrightarrow R—IHC—CHI—R$$

碘的乙醇溶液需加过量，然后用碘量法以硫代硫酸钠溶液来滴定此过量的部分。

3. **皂化值**　是指中和 1g 物料完全水解后得到酸时，所消耗氢氧化钾的毫克数。皂化值通常用来指示油脂的平均相对分子质量，表示在 1g 油脂中游离的和化合在酯内的脂肪酸的含量。一般说来，游离的脂肪酸的数量较大时，皂化值也较高。例如，棕榈红油内主要是月桂酸、豆蔻酸和油酸的甘油酯，其皂化值为 $245 \sim 255$，测量时，是在含有一定量的油脂溶液中，加过量的氢氧化钾-乙醇溶液，加热充分皂化后，再用标准溶液返滴定，由所得结果计算即可得到皂化值。

三、仪器与试剂

仪器：滴定台；直形冷凝管；恒温水浴锅；锥形瓶；碱式滴定管；酸式滴定管；碘量瓶；移液管；分析天平等。

试剂：氢氧化钾标准溶液；酚酞；乙醚：95%乙醇混合液（体积比 2∶1，加 5 滴 1% 酚酞，呈酸性时可加碱液中和）；硫代硫酸钠标准溶液；淀粉指示剂；碘-乙醇溶液；无水乙醇等；氢氧化钾-乙醇标准溶液（乙醇要精制）；酚酞-乙醇溶液；盐酸标准溶液。

四、实验步骤

1. 酸值的测定

（1）操作步骤：取两份 3～5g 样品分别加入两只锥形瓶中，加 50ml 乙醚：95%乙醇混合液摇匀，然后使之冷却至室温，加入 3 滴酚酞指示剂和 10ml 饱和食盐水，以便于观察终点，用标准 KOH 溶液滴定至溶液呈粉红色。

（2）计算结果

$$酸值 = \frac{V \times c \times 56.11}{m}$$

式中，V 为消耗 KOH 标准溶液的平均体积，ml；c 为 KOH 标准溶液的浓度，mol/L；m 为试样质量，g；56.11 为 KOH 的摩尔质量，g/mol。

2. 碘值的测定

（1）操作步骤：取两份 0.2～0.4g 样品分别加入两个碘量瓶中，加 10ml 无水乙醇，待样品溶解后（如不溶可稍加热再冷却至室温），用移液管准确量取 10ml 0.2mol/L 碘-乙醇溶液加入碘量瓶中，放置 5min，加入 100ml 水，不断震荡，形成乳浊液，加入 25 滴淀粉指示剂，用标准 $Na_2S_2O_3$ 溶液滴定过量的碘，滴定至蓝色消失。用同样方法做两份空白试验。

（2）计算结果

$$碘值 = \frac{c(V_2 - V_1) \times 12.69}{m}$$

式中，12.69 为换算成相对于 100g 试样的碘的物质的量；c 为 $Na_2S_2O_3$ 标准溶液的浓度，mol/L；V_2 为空白溶液消耗 $Na_2S_2O_3$ 标准溶液的平均体积，ml；V_1 为样品消耗 $Na_2S_2O_3$ 标准溶液的平均体积，ml；m 为试样质量，g。

3. 皂化值的测定

（1）操作步骤：取两份 2g 样品分别加入两只锥形瓶中，加 25ml 氢氧化钾-乙醇溶液（用移液管）并放一些沸石，回流煮沸 1h 以上，不断摇动，取下冷凝器，加入酚酞指示剂，趁热用标准盐酸溶液滴定，用同样方法做空白试验。

（2）结果计算

$$皂化值 = \frac{(V_1 - V_2)c \times 56.11}{m}$$

式中，V_2 为空白溶液消耗 HCl 标准溶液的平均体积，ml；V_1 为样品消耗 HCl 标准溶液的平均体积，ml；56.11 为 KOH 的摩尔质量，g/mol；m 为试样质量，g；c 为标准 HCl 溶液的浓度，mol/L。

五、附注与注意事项

1. 试样若不溶解，可于水浴上加热，并加冷凝管回流，以防乙醚：95%乙醇混合液蒸发。

2. 每做完一个实验，仪器必须洗净烘干。

3. 只要重复性符合要求，取两次测定的算数平均值。最小单位数为 0.1，同一分析者测定同一试样，同时或相继进行的两次测试结果之差不应超过平均值的 0.5%。

六、思考题

1. 测酸值时，如何防止油脂皂化？为什么要使用中性的乙醚-：95%乙醇混合液？
2. 用皂化反应测定酯值时，哪些化合物有干扰？请写出其反应式。
3. 影响皂化反应速度的因素有哪些？测皂化值时的空白实验是否需要回流水解？

实验四十九 水分、盐分含量测定

一、实验目的

1. 了解表面活性剂中无机盐分含量的测定方法。
2. 熟悉表面活性剂脱盐精制的原理和方法。
3. 掌握表面活性剂水分含量的测定原理和方法。

二、实验原理

表面活性剂具有优良的应用性能，通常是由多组分构成的混合物，除了具有表面活性剂的组分外，还含有一些杂质，通常情况下生产过程中副产的盐分，使产品黏度过高、pH不稳定或化学稳定性下降并影响其应用功能，所以在某些用途上不希望其含有无机盐或无机盐含量过高，因此表面活性剂的脱盐处理就具有一定的实际意义。一般采用的脱盐工艺有膜法脱盐、化学法脱盐、电渗析法脱盐等，本实验采用化学脱盐的方法对表面活性剂进行分离纯化处理。

表面活性剂一般情况下既可溶于水，又可溶于醇，而无机盐易溶于水，在醇中的溶解度却很小，据此可以把表面活性剂的盐分脱除。脱盐的过程是：在一定温度下脱水 → 醇溶时盐分沉淀 → 减压蒸馏脱醇。

三、仪器与试剂

仪器：电热干燥箱；蒸发皿；蒸馏烧瓶；真空泵；烧杯；玻璃棒；分析天平；干燥器；冷凝管；电热套；布氏漏斗；玻璃水泵。

试剂：含盐表面活性剂；乙醇。

四、实验步骤

1. 取 10g 含盐表面活性剂放在蒸发皿上，并放入电热干燥箱中，在 120℃下干燥 1h 取出，置干燥器中冷却 30min，称重。

2. 将干燥冷却、称重后的表面活性剂用乙醇溶解，抽滤。

3. 把抽滤出的盐分在 120℃下干燥 1h，取出在干燥器中冷却 30min 后称重。

4. 滤液经减压蒸馏即得样品。可用于测表面张力、CMC 等，与含盐样品作对比。

5. 计算

（1）含水量 $= \dfrac{m_1 - m_2}{m_1} \times 100\%$

式中，m_1、m_2 分别为干燥前、后样品的质量。

（2）含盐量 $= \dfrac{m_2 - m_3}{m_1} \times 100\%$

式中，m_3 为脱水脱盐后样品的质量。

五、附注与注意事项

1. 本实验在溶解干燥后的表面活性剂时，必须使用无水乙醇，无机盐才能充分沉淀析出。

2. 实验中所用仪器必须保持干燥。

3. 样品在高温干燥后，一定要在干燥器中冷却到室温之后，再进行称重。

六、思考题

1. 表面活性剂脱盐处理可否直接加入乙醇而不经脱水处理？

2. 脱水后的样品为什么要放在干燥器中？

实验五十　洗衣粉中五氧化二磷含量测定

一、实验目的

1. 了解钼钒酸盐比色法的测定方法。

2. 熟悉洗衣粉生产过程中间控制的重要性。

二、实验原理

三聚磷酸钠是洗衣粉的主要助剂，以前主要用磷钼酸喹啉重量法定量分析洗衣粉生产过程中三聚磷酸钠含量，测得 P_2O_5 含量，再换算成三聚磷酸钠含量。但这种方法分析时间长，不适用于生产过程的中间控制分析。随着仪器分析的发展，分光光度法由于具有操作简单、准确快速、精度高等特点，得到大量的使用，其中，以钼钒酸盐比色法应用最为广泛，该方法尤其适于洗衣粉生产过程中间控制，目前已广泛应用于洗涤用品及各种原料、水体中总磷量的测定。

本实验采用钼钒酸盐比色法测定洗衣粉中的总磷量。洗衣粉中各种磷酸盐经硝酸分解成正磷酸盐后，加入钼钒酸盐溶液生产黄色络盐，用分光光度法测定其吸光度，可求出五氧化二磷含量。

三、仪器与试剂

仪器：分光光度计；烧杯；容量瓶；试管；移液管。

试剂：硝酸；硫酸；磷酸二氢钾；五氧化二磷；偏钒酸铵；钼酸。

四、实验步骤

1. 溶液配制

（1）1+1 硝酸（质量比，水：硝酸=1：1）

（2）磷酸盐标准溶液：将在硫酸干燥器中干燥 24h 以上的 2.8731g 磷酸二氢钾溶解在水中，定容至 250ml 容量瓶中，加入 2ml 硝酸后加水至刻度，此溶液 1ml 含有 0.3mg 五氧化二磷。

（3）钼钒酸盐溶液：将 0.896g 偏钒酸铵溶解在 200～300ml 水中，加入 200ml 硝酸，在搅拌的情况下每次少量加入约 100ml 水中溶解有 21.6g 钼酸铵[（NH$_4$）$_6$Mo$_7$O$_{24}$·4H$_2$O]的溶液，加完后再加水定容至 1L，储存于棕色瓶中，储存中如有沉淀生成不可使用。

2. 吸光度 K 值的测定

取磷酸盐标准液 0ml，1ml，2ml，3ml，4ml，5ml，分别装入 100ml 容量瓶中，各加入 50ml 水，再加入 25ml 钼钒酸盐溶液后，加水至 100ml，放置 30min，在波长 400nm、比色皿光径 10nm 下，测其吸光度，以空白试液作对照液，求出当五氧化二磷含量为 1mg 时的吸光度（K）。

$$K = \frac{A_1 + A_2 + \cdots + A_n}{0.3 \times 1 + 0.3 \times 2 + \cdots + 0.3 \times n}$$

3. 样品中五氧化二磷含量测定

准确称取前配料洗衣粉样品（试液中含有 1.0～1.5mg 五氧化二磷，吸光度在 0.45 左右）于 150ml 烧杯中，加适量蒸馏水加热溶解，转移定容至 500ml 容量瓶中，摇匀。取该溶液 5ml，1+1 硝酸 2ml 置于 100ml 试管（或容量瓶）中，置于沸水浴中分解，10min 后取出，冷却至室温，加蒸馏水 50ml、钒钼酸盐 25ml，再加水至刻度，放置 10min，在波长 400nm、比色皿光径 10nm 下，测定其吸光度，以空白试液作对照液。按下式计算五氧化二磷含量（%）

$$P_2O_5(\%) = \frac{(A - A_0) \times 500}{KG \times 1000 \times 5}$$

式中，A 为试样吸光度；A_0 为空白试液的吸光度；K 为五氧化二磷 1mg 时相当的吸光度；G 为样品重（g）。

$$三聚磷酸钠含量(\%) = P_2O_5(\%) \times 1.728$$

式中：1.728—五氧化二磷换算为三聚磷酸钠的系数。

五、附注与注意事项

1. K 值测定中的 A 值是把 A_0 作为零时的相对值。

2. 试样的配制需控制一定的浓度，以使实测的 A 值在标样的中间值附近，这样的结果会更准确。

六、思考题

1. 分光光度计的原理是什么？

2. 洗衣粉中五氧化二磷含量测定实际上测的是什么物质的含量？换算系数是如何确定的？

第二节　表面活性剂类型的鉴定

表面活性剂按其在水溶液中是否电离及电离后的离子类型常分为阴离子型、阳离子型、两性型和非离子型四大类，其中以阴离子型、阳离子型和非离子型表面活性剂最为常用。表面活性剂类型的鉴别是表面活性剂分析的基础，一般利用染料在含有表面活性剂的溶剂中产生特殊的颜色，或溶液变混浊，或产生沉淀等现象来鉴别。

本节共安排 4 个实验，介绍表面活性剂类型的鉴定原理和方法。

实验五十一　阴离子表面活性剂类型鉴定

一、实验目的

1. 了解鉴别表面活性剂离子类型的原理。
2. 掌握酸性亚甲基蓝法鉴定阴离子表面活性剂的操作方法。

二、实验原理

阴离子表面活性剂分为羧酸盐、硫酸酯盐、磺酸盐和磷酸酯盐四大类，具有较好的去污、发泡、分散、乳化、润湿等特性，广泛用作洗涤剂、起泡剂、润湿剂、乳化剂和分散剂。本实验采用两种方法对阴离子表面活性剂进行鉴定，分别为酸性亚甲基蓝法和盐酸水解法，其中以酸性亚甲基蓝法较为简单实用。

亚甲基蓝染料不溶于三氯甲烷（氯仿）而溶于水，它能与阴离子表面活性剂反应形成可溶于氯仿的蓝色络合物，从而蓝色从水相转移到氯仿相，本法可鉴定除皂类以外的烷基硫酸酯盐和烷基苯磺酸盐等广谱阴离子表面活性剂。盐酸水解法用于检验烷基硫酸酯盐型阴离子表面活性剂（也包括低级烷基硫酸酯盐），有机磺酸及无机硫酸盐的存在都不发生干扰。

三、仪器与试剂

仪器：容量瓶；移液管；具塞试管；胶头滴管；量筒；烧杯；加热套。

试剂：亚甲基蓝；硫酸；硫酸钠；氯仿；盐酸；硝酸；无水甲醇；氢氧化钠；氯化钡；阴离子表面活性剂试样。

四、实验步骤

1. 酸性亚甲基蓝法

（1）酸性亚甲基蓝溶液的配制：将 12g 硫酸缓慢地注入约 50ml 水中，待冷却后加入 0.03g 亚甲基蓝和 50g 无水硫酸钠，溶解后加水稀释至 1000ml。

（2）鉴别：将 1ml 1%试样水溶液置于具塞试管中，加入 2ml 亚甲基蓝溶液和 1ml 氯仿，将混合物剧烈振荡 2～4s 后，静置分层，观察两层颜色。如氯仿层显蓝色，则该试样为阴离子表面活性剂。继续将试样液加入进行同样操作，则氯仿层呈现深蓝色。

2. 盐酸水解法

试剂：稀盐酸（1：4）、硝酸（15mol/L）、氯化钡溶液（10%）。

（1）精制：如试样呈碱性，则于 110～115℃下干燥，用无水甲醇或苯萃取，将萃取液离心分离除去不溶物质，然后蒸发澄清的萃取液并干燥；若试样不呈碱性，则用 2g 氢氧化钾-甲醇溶液调至碱性，再于 110～115℃下干燥，然后同前萃取除去不溶物从而得到精制的试样。

（2）鉴别：取 0.2g 试样加 6ml 稀盐酸搅匀，取此 1ml 混合物移至一支具塞试管中，加 3 滴 15mol/L 硝酸和 1ml 水充分振荡，接着加入 3 滴 10%氯化钡溶液，振荡 2～3min 后静置，若生成不溶于水的白色沉淀（$BaSO_4$），则表示存在烷基硫酸酯盐；反之则表示不存在烷基硫酸酯盐。

五、附注与注意事项

1. 在亚甲基蓝法中，若有非离子表面活性剂并存时，多少会有乳化现象发生，因此影响分层所需要时间，但不妨碍定性鉴定。

2. 因呈酸性，皂类不显示颜色变化，故亚甲基蓝法不能用于皂类的检出。

阴离子表面活性剂，往往含硫、氮、磷中任一种元素，或同时含有两种。一般还含有 K^+，Na^+，Ca^{2+}，Mg^{2+}，Ba^{2+}等金属元素，还需考虑 NH_4^+ 和烷醇酰胺的可能性，但金属元素也可能是属于无机盐副产物或添加物。几乎可以肯定的是碱金属或碱土金属元素不可能属于阳离子表面活性剂或非离子表面活性剂（有机金属型除外）。

3. 在盐酸水解试验中，即使样品存在无机硫酸盐，也因试样预先精制去除而不受影响。如试样中存在有机磺酸盐时，因它在稀释溶液中不水解，根据生成的沉淀也可以与有机硫酸盐加以区别。

六、思考题

1. 表面活性剂离子类型鉴定的原理是什么？如何判定？
2. 表面活性剂如何去除有机杂质和盐分？

实验五十二   阳离子表面活性剂类型鉴定

一、实验目的

掌握显色反应鉴定阳离子表面活性剂的原理和方法。

二、实验原理

目前阳离子表面活性剂的应用中，季铵盐占有重要的地位。本实验采用三种方法对阳离子表面活性剂进行鉴定，分别为酸性亚甲基蓝法、碱性溴酚蓝法及铁氰化钾试验，后两种方法为专门针对季铵盐阳离子表面活性剂的鉴定。

三、仪器与试剂

仪器：量筒；具塞试管；分液漏斗；胶头滴管。

试剂：亚甲基蓝；硫酸；硫酸钠；氯仿；盐酸；铁氰化钾；溴酚蓝；阴离子表面活性剂；阳离子表面活性剂；氢氧化钠。

四、实验步骤

1. 酸性亚甲基蓝法

（1）酸性亚甲基蓝溶液的配制：将 12g 硫酸缓慢地注入约 50ml 水中，待冷却后加入 0.03g 亚甲基蓝和 50g 无水硫酸钠，溶解后加水稀释至 1000ml。

（2）在 25ml 具塞试管中加入 8ml 酸性亚甲基蓝溶液和 5ml 氯仿，逐滴加入 0.05%阴离子表面活性剂溶液，每加 1 滴，盖上塞子并剧烈摇动，并使之分层，逐渐加入，直至上下两层呈现同一深度的色调（一般加 10～12 滴）。

（3）加入 2ml 1%的待测试样溶液，再次摇动后，静置分层，观察上下两层色调相对强度。若水层色泽变深，则该试样为阳离子型表面活性剂。

2. 碱性溴酚蓝法

（1）在具塞试管中加入 2ml 1%试样溶液，再加入 0.2ml 0.05%溴酚蓝溶液和 0.5ml 1mol/L 氢氧化钠溶液，此时溶液呈蓝色。

（2）加入 5ml 氯仿，激烈振荡混合后，蓝色移至氯仿层，分取氯仿层，边振荡边滴加 0.1%十二烷基硫酸钠标准溶液，氯仿层逐渐变成无色。这一结果表明有季铵盐阳离子存在。

3. 铁氰化钾试验

将 2ml 0.3%铁氰化钾溶液置于一试管中，加入 2ml 的 0.2%的试样水溶液，如产生黄色沉淀，则表明有季铵盐存在，该法对各种季铵盐均适用。

反应式如下：

$$3[RN^+(CH_3)_3]Cl^- + K_3Fe(CN)_6 \longrightarrow [RN^+(CH_3)_3]_3[Fe(CN)_6]_3^- + 3KCl$$

五、附注与注意事项

本实验中用到的染料溶液，宜在使用前配制，不宜长时间存放后使用。

六、思考题

如何鉴别季铵盐和脂肪胺？

实验五十三　非离子表面活性剂类型鉴定

一、实验目的

1. 了解非离子表面活性剂类型鉴定的原理。
2. 掌握各种鉴定方法的操作。

二、实验原理

非离子型表面活性剂是一种在水中不离解成离子状态的两亲结构的化合物，常见的非离子表面活性剂有聚氧乙烯型、冠醚型及脂肪酸多元醇酯。本实验采用三种方法来鉴定非离子表面活性剂，分别为酸性亚甲基蓝法、硫氰酸钴铵法及浊点试验，其中硫氰酸钴铵法适用于聚氧乙烯型非离子表面活性剂的鉴定。

三、仪器与试剂

仪器：具塞试管；分液漏斗；烧杯；移液管；量筒；温度计；加热套。

试剂：亚甲基蓝；硫酸；硫酸钠；氯仿；盐酸；氢氧化钠；氯仿；氯化钠溶液；乙醇；阴离子表面活性剂试样；非离子表面活性剂试样。

四、实验步骤

1. 酸性亚甲基蓝法

（1）酸性亚甲基蓝溶液的配制：将 12g 硫酸缓慢地注入约 50ml 水中，待冷却后加入 0.03g 亚甲基蓝和 50g 无水硫酸钠，溶解后加水稀释至 1000ml。

（2）在 25ml 具塞试管中加入 8ml 酸性亚甲基蓝溶液和 5ml 氯仿，逐滴加入 0.05% 阴离子表面活性剂溶液，每加 1 滴，盖上塞子并剧烈摇动，并使之分层，逐渐加入，直至上下两层呈现同一深度的色调（一般加 10～12 滴）。

（3）加入 2ml 1% 的待测试样溶液，再次摇动后，静置分层，观察上下两层色调相对强度。两色泽大致相同，且水层呈乳液状，则该试样为非离子型表面活性剂。如不确定，可用 2ml 水代替试样进行对照实验。

2. 硫氰酸钴铵法

（1）将 5ml 1% 试样水溶液置于具塞试管中，加入 5ml 硫氰酸钴铵试剂，振荡混匀。

（2）静置 2h 后观察溶液颜色，聚氧乙烯型非离子表面活性剂的存在会使溶液呈蓝色。

3. 浊点实验法

（1）取 1% 试样水溶液 25ml 置于小烧杯中，边搅拌边加热，插入 1 支 0～100℃温度计，如果呈现混浊，慢慢冷却到溶液刚变透明时，记下温度即为浊点，若试样呈阳性，则可推断含有聚氧乙烯类（中等 EO 数）非离子表面活性剂。

（2）如加热至沸腾仍无混浊出现后加 10% 的食盐溶液，若再加热后出现白色混浊，则表面活性剂是高 EO（环氧乙烷加成数）的聚氧乙烯类非离子表面活性剂。如果试样不溶于水，且常温下就出现白色混浊，那么在试样的醇溶液中再加水，要是仍出现白色混浊，则可推断为低 EO 的聚氧乙烯类非离子表面活性剂。

五、附注与注意事项

浊点法适用于聚氧乙烯类表面活性剂的粗略鉴定，但不一定灵敏，因为有其他物质存在时要受到影响。当存在少量阴离子表面活性剂时会使浊点上升或受到抑制，无机盐共存时会使浊点下降。

六、思考题

1. 为什么亚甲基蓝法不但能检测出阴离子表面活性剂，也可检出阳离子型和非离子型？

2. 使用非离子表面活性剂时应该高于还是低于其浊点？为什么？

实验五十四　洗衣粉中表面活性剂离子类型鉴定

一、实验目的

1. 了解液-固萃取法从固体试样中分离表面活性剂。
2. 掌握洗衣粉中表面活性剂类型鉴别的分析方法。

二、实验原理

本实验旨在通过洗衣粉中表面活性剂的分析，使学生初步了解表面活性剂的分离、分析方法。

1. 表面活性剂的分离　洗衣粉除了以表面活性剂为主要成分外，还配加有三聚磷酸钠、纯碱、羧甲基纤维素等无机和有机助剂以增强去污能力，防止织物的再污染等。因此要将表面活性剂与洗衣粉中的其他成分分离开来，通常采用的方法是液-固萃取法。可用索氏萃取器（Soxhlet's extractor）连续萃取，也可用回流方法萃取。萃取剂可视具体情况选用95%的乙醇、95%的异丙醇、丙酮、氯仿或石油醚等。

2. 表面活性剂的离子型鉴定　表面活性剂的品种繁多，但按其在水中的离子形态可分为离子型表面活性剂和非离子型表面活性剂两大类。前者又可以分为阴离子型、阳离子型和两性型三种。利用表面活性剂的离子型鉴别方法可以快速、简便地确定试样的离子类型，有利于限定范围，指示分离、分析方向。

三、仪器与试剂

仪器：烧瓶；烧杯；带塞小试管；冷凝管；蒸馏头；接收管；沸石；水浴；研钵；天平等。

试剂：95%乙醇；无水乙醇；四氯化碳；四甲基硅烷；亚甲基蓝试剂；氯仿；阴、阳离子和非离子表面活性剂对照液。

四、实验步骤

1. 表面活性剂的分离

（1）取一定量的洗衣粉试样于研钵中研细，然后称取2g放入100ml烧瓶中；加入30ml乙醇。装好回流装置，打开冷却水，用水浴加热，保持回流15min。

（2）撤去水浴。在冷却后取下烧瓶，静置几分钟。待上层液体澄清后，将上层提取的清液转移到100ml烧瓶中（小心倾倒或用滴管吸出）。

（3）重新加入20ml 95%的乙醇，重复上述回流和分离操作，两次提取液合并。

（4）在合并的提取液中放入几粒沸石，搭装好蒸馏装置。用水浴加热，将提取液中的乙醇蒸出，直至烧瓶中残余1～2ml为止。

（5）将烧瓶中的蒸馏残余物定量转移到干燥并已称量过的25ml烧杯中。

（6）将小烧杯置于红外灯下，烘去乙醇。称量并计算表面活性剂的百分含量。计算公式如下：

$$洗衣粉中表面活性剂的含量=\frac{(m_2-m_1)}{Q}\times100\%$$

式中，Q为称取的洗衣粉的量，g；m_1为空烧杯的质量，g；m_2为装有表面活性剂的烧杯质量，g。

2. 表面活性剂离子类型鉴定

（1）已知试样的鉴定

1）阴离子表面活性剂的鉴定：取亚甲基蓝溶液和氯仿各约 1ml，置于一带塞的试管中，剧烈震荡，然后放置分层，氯仿层无色。将含量约 1%的阴离子表面活性剂试样逐滴加入其中，每加一滴剧烈震荡试管后静置分层，观察并记录现象，直至水相层无色，氯仿层呈深蓝色。

2）阳离子表面活性剂的鉴定：在上述试验的试管中，逐滴加入阳离子表面活性剂（含量约 1%），每加一滴剧烈震荡试管后静置分层，观察并记录两相的颜色变化，直至氯仿层的蓝色重新全部转移到水相。

3）非离子表面活性剂的鉴定：另取一带塞的试管，依次加入亚甲基蓝溶液和氯仿各约 1ml，剧烈震荡，然后放置分层，氯仿层无色。将含量约 1%的非离子表面活性剂试样逐滴加入其中，每加一滴剧烈震荡试管后静置分层，观察并记录两相颜色和状态的变化。

（2）实际试样的鉴定

1）取少许从洗衣粉中提取的表面活性剂，溶于 2~3ml 蒸馏水中，按上述办法进行鉴定和判别其离子类型。

2）取适量（约 10mg）洗衣粉溶于 5ml 蒸馏水中作为试样，重复上述操作，观察和记录现象。以考察洗衣粉中的其他助剂对此鉴定是否有干扰。

五、附注与注意事项

1. 洗衣粉中常用到的是阴离子表面活性剂（如烷基苯磺酸钠），有些也会掺杂一些非离子表面活性剂（如聚氧乙烯型）。

2. 对索氏萃取法和回流提取法两种方法进行比较发现，当提取时间相同时，索氏萃取法获得的样品杂质含量较少，但提取率相对低些；而回流提取法得到的表面活性剂提取率相对高些，但杂质含量也较高。

六、思考题

1. 为什么用回流法进行液-固萃取时，烧瓶内不可加沸石？蒸馏时是否也可以不加沸石？

2. 本实验是否可用索氏萃取器提取洗衣粉中的表面活性剂？试将回流法与其作一比较。

第三节　普通表面活性剂分析

表面活性剂的含量及某些功能的测定有化学分析和仪器分析等各种方法，这些方法各有优缺点，其中一些方法对某些化合物的分析适应，而另一些方法则对另一些化合物的分析适应。

本节共安排了 6 个实验，采用不同的方法分别对阴离子型、阳离子型、两性离子型及非离子型表面活性剂的含量进行测定。

实验五十五　污水中阴离子表面活性剂含量测定

一、实验目的

1. 了解污水中表面活性剂含量分析的意义。
2. 掌握阴离子表面活性剂的亚甲基蓝分光光度法。

二、实验原理

表面活性剂对环境会造成一定污染，及时了解环境中表面活性剂含量有重要意义。

在现代表面活性剂定性测定和微量定量测定中，紫外-可见分光光度法是非常常用的。其操作简单、准确度高、重现性好，图 5-1 为吸收光谱图。

当一束平行单色光通过均匀的样品时，其吸光度与吸光组分的浓度、吸收池的厚度乘积成正比，这是紫外-可见分光光度法定量分析的依据，我们把它称为朗伯比尔定律（Lambert-Beer 定律）。

$$A=\varepsilon cb$$

式中，A 为溶液的吸光度；ε 为吸光系数；c 为吸光物质的浓度；b 为比色皿的厚度。

我们可以根据朗伯比尔定律来绘制标准曲线，从而进行定量分析，如图 5-2 所示。在一定波长（λ_{max}）下测定某物质的标准系列溶液的吸光度作标准曲线，然后测定样品溶液的吸光度值，由标准曲线求得样品溶液的浓度或含量。

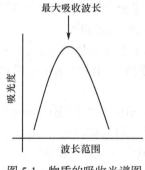

图 5-1　物质的吸收光谱图

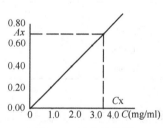

图 5-2　标准曲线图

三、仪器与试剂

仪器：紫外-可见分光光度计；分液漏斗；容量瓶；索氏抽提器。

试剂：烷基苯磺酸钠（LAS）；亚甲基蓝（指示剂级）；浓硫酸；一水磷酸二氢钠；酚酞指示剂；氯仿；乙醇。

四、实验步骤

1. 溶液配制

（1）直链烷基苯磺酸钠贮备溶液：称取 0.100g 标准物 LAS（平均相对分子质量 344.4），准确至 0.001g，溶于 50ml 水中，转移到 100ml 容量瓶中，稀释至标线并混匀。每毫升含 1.00mg LAS。保存于 4℃冰箱中。如需要，每周配制一次。

（2）直链烷基苯磺酸钠标准溶液：准确吸取 10.00ml 直链烷基苯磺酸钠贮备溶液，用水稀释至 1000ml，每毫升含 10.0μg LAS。当天配制。

（3）亚甲蓝溶液：先称取 50g $NaH_2PO_4 \cdot H_2O$ 溶于 300ml 水中，转移到 1000ml 容量瓶内，缓慢加入 6.8ml 浓硫酸（H_2SO_4，$\rho=1.84g/ml$），摇匀。另称取 30mg 亚甲蓝（指示剂级），用 50ml 水溶解后也移入容量瓶，用水稀释至标线，摇匀。此溶液储存于棕色试剂瓶中。

（4）洗涤液：称取 50g 一水磷酸二氢钠（$NaH_2PO_4 \cdot H_2O$）溶于 300ml 水中，转移到 1000ml 容量瓶中，缓慢加入 6.8ml 浓硫酸（H_2SO_4，$\rho=1.84g/ml$），用水稀释至标线。

（5）酚酞指示剂溶液：将 1.0g 酚酞溶于 50ml 乙醇[C_2H_5OH，95%（V/V）]中，然后边搅拌边加入 50ml 水，滤去形成的沉淀。

（6）脱脂棉：在索氏抽提器中用氯仿提取 4h 后，取出干燥，保存在清洁的玻璃瓶中待用。

（7）待测水样品足量

2. 样品含量测定

（1）标准曲线的绘制：通过在一系列分液漏斗中加入 100ml 水使阴离子表面活性剂含量在 10～2000μg。以此来绘制成标准曲线，包括一个不加表面活性剂的水空白试剂。

取一组分液漏斗 10 个，分别加入 100、99、97、95、93、91、89、87、85、80ml 水，然后分别移入 0、1.00、3.00、5.00、7.00、9.00、11.00、13.00、15.00、20.00ml 直链烷基苯磺酸钠标准溶液，摇匀。按照步骤 2（样品的测定）处理每一标准溶液，以测得的吸光度扣除试剂空白值（零标准溶液的吸光度）后与相应的 LAS 量（μg）绘制校准曲线。

为了直接分析水和废水样，应根据预计的亚甲蓝表面活性物质的浓度选用试份体积，见表 5-1。

当预计的 MBAS 浓度超过 2mg/L 时，按上表选取试份量，用水稀释至 100ml。

表 5-1   预计的亚甲蓝表面活性物质的浓度所对应的试份体积

预计的 MBAS 浓度/（mg/L）	试份量/ml
0.05～2.0	100
2.0～10	20
10～20	10
20～40	5

（2）样品的测定：将所取样品移至分液漏斗，以酚酞为指示剂，逐滴加入 1mol/L 氢氧化钠溶液至水溶液呈红色，再滴加 0.5mol/L 硫酸到红色刚好消失。加入 25ml 亚甲蓝溶液，摇匀后再移入 10ml 氯仿，激烈振摇 30s，注意放气。过分的摇动会发生乳化，加入少量异丙醇（小于 10ml）可消除乳化现象。加相同体积的异丙醇至所有的标准中，再慢慢旋转分液漏斗，使滞留在内壁上的氯仿液珠降落，静置分层。将氯仿层放入预先盛有 50ml 洗涤液的第二个分液漏斗中，用数滴氯仿淋洗第一个分液漏斗的放液管，重复萃取三次，每次用 10ml 氯仿。合并所有氯仿至第二个分液漏斗中，激烈摇动 30s，静置分层。将氯仿层通过玻璃棉或脱脂棉，放入 50ml 容量瓶中。再用氯仿萃取洗涤液两次（每次用量 5ml），此氯仿层也并入容量瓶中，加氯仿到标线。测定含量低的饮用水及地面水可将萃取用的氯仿总量降至 25ml。三次萃取用量分别为 10ml、10ml、5ml，再用 3～4ml 氯仿萃取洗涤液，此时检测下限可达到 0.02mg/L。

在 652nm 处，以氯仿为参比液，测定样品、校准溶液和空白试验的吸光度。以样品的吸光度减去空白试验的吸光度后，从校准曲线上查得 LAS 的质量。

用 100ml 蒸馏水代替试样做空白试验。在试验条件下，每 10mm 光程长空白试验的吸光度不应超过 0.02，否则应仔细检查设备和试剂是否有污染。

（3）分光光度计操作规程

1）打开电源开关，打开电脑及软件，双击桌面 Uvprobe 图标，点击"connect"，以链接仪器。进入自检界面。

2）单击确定开始自检，自检过程中不得打开样品室盖。

3）完成自检后，单击波长扫描按钮，选择"方式"，设定波长及测量方式（Abs）。

4）将参比溶液放入参比池中，另一参比液放入样品池第一池内。点击自动清零键清零。

5）取出样品池中参比，放入测量液，进行全波长扫描，找出最大吸收波长。

6）取出测量液，将标准曲线的十个试样放入测量池中，打开定量分析界面，设定波长和测量方式（Abs），测定各点吸收值，绘图。

7）放入待测样品，测定。

（4）实验结果处理：阴离子表面活性剂浓度的计算方法

$$c = \frac{m}{v}$$

式中，c 为水样中亚甲蓝活性物（MBAS）的浓度，mg/L；m 为从校准曲线上读取的表观 LAS 质量，μg；v 为样品的体积，ml。

五、附注与注意事项

1. 在光谱基线校正过程中光度计状态窗口的读数变化。如测定过程中改变切换波长，必须重新进行基线校正。

2. 光谱图像要保存的，一定要另存。否则软件关闭后会丢失。

3. 比色皿光亮面一定要用擦镜纸，小心划伤。手不能接触比色皿光亮面。

4. 每一批样品要做一次空白试验及一种校准溶液的完全萃取。

5. 每次测定前，振荡容量瓶内的氯仿萃取液，并以此液洗三次比色皿，然后将比色皿充满。

6. 测吸光度时应使用相同光程的比色皿。每次测定后，用氯仿清洗比色皿。

六、思考题

1. 紫外可见分光光度计由哪几部分组成？各部件的作用是什么？

2. 在此次试验中，为什么要控制 pH？

3. 在本次试验中存在什么干扰物质？如何减少干扰物的干扰？

实验五十六　阴离子表面活性剂月桂醇磺酸钠乳化能力测试

一、实验目的

1. 了解阴离子表面活性剂的结构、性能和制备。

2. 进一步掌握表面活性剂乳化力测试基本方法。

二、实验原理

月桂醇磺酸钠具有优良的发泡、润湿、去污和良好的生物降解性等性能，广泛应用于家用和工业用洗涤剂、牙膏发泡剂、纺织助剂及护肤和洗发用品。

参考实验四十三。采用分相法和比色法测定乳化剂的乳化力，即将一定量不溶于水的油类（如白火油、有色油、石蜡等），用机械方法搅拌或振荡，使其生成乳液。经过一定时间静置后，水、油两相逐渐分层。根据分离出来一定数量的油剂所需时间的长短来判断表面活性剂乳化力的大小。

三、仪器与试剂

仪器：具塞量筒；秒表；天平。
试剂：浓硫酸；月桂醇；氢氧化钠；双氧水；液状石蜡；市售乳化剂 OP-10。

四、实验步骤

1. 标准样品乳化能力测试　取市售乳化剂 OP-10 溶液 20ml 作为标准样品，置于 100ml 具塞量筒中。加入 20ml 液蜡，加盖，在 34℃ 水浴中保温 5min，剧烈振荡 10 次后，在 34℃ 水浴中静置 1min，重复上述操作 5 次，立即开启秒表记录出水分离至 10ml 刻度时的时间（ $t_{标}$ ）。

2. 待测样品乳化能力测试　采取与标准样品乳化能力测试同样的方法，记录水相分离出 10ml 刻度时的时间（ $t_{待}$ ）。

若 $t_{待} > t_{标}$，待测样品为合格，即待测样品的乳化力比标准样品大；
若 $t_{待} < t_{标}$，待测样品不合格，即待测样品的乳化力比标准样品小。

五、附注与注意事项

1. 摇荡时用力要均匀。
2. 若没有标准样品，可选择另一合适的乳化剂作为参比对象。
3. 试验在相同的条件下进行。

六、思考题

乳化剂的乳化作用原理是什么？

实验五十七　溶液中阳离子表面活性剂苯扎溴铵含量测定

一、实验目的

1. 熟悉季铵盐阳离子表面活性剂的特点。
2. 掌握电位滴定法测定苯扎溴铵的原理和方法。

二、实验原理

苯扎溴铵为八、十、十二、十四、十六、十八烷基二甲基苄基溴化铵的混合物，其主要成分是十二烷基二甲基苄基溴化铵，商品名称为新洁尔灭，属季铵盐阳离子表面活性剂，具有洁净、杀菌消毒和灭藻作用，广泛用于杀菌、消毒、防腐、乳化、去垢、增溶等。苯扎溴铵溶液为无色至淡黄色的澄明液体，有芳香气味；强力振摇会产生多量泡沫，遇低温时可能发生混浊或沉淀。

苯扎溴铵结构式如下：

$R=C_{8\sim18}H_{17\sim27}$

电位滴定法是根据滴定过程中电池电动势的变化来确定滴定终点的一类滴定分析方法，根据滴定液与待测溶液的物质的量关系，列出浓度与体积对应的公式，求出待测溶液中表面活性剂的含量。

三、仪器与试剂

仪器：全自动电位滴定仪；离子表面活性剂电极（含参比电极）。

试剂：苯扎溴铵；四苯硼钠滴定液（每升含 15ml 0.1mol/LNaOH 的 0.05mol/L NaTPB 溶液；经海明 1622 标定过）；氢氧化钠；溴酚蓝指示剂。

四、实验步骤

1. 电位滴定法

（1）以阳离子表面活性剂离子选择电极作为指示电极，饱和甘汞电极为参比电极，四苯硼钠溶液作为滴定剂，精密吸取样品适量，使其相当于苯扎溴铵约 0.25g，置于 100ml 烧杯中，加入 50ml 蒸馏水与 1ml 氢氧化钠试液，摇匀；使用电位滴定仪进行滴定，滴定结束后记录用量。每 1ml 四苯硼钠滴定液（0.02mol/L）相当于 7.969mg 的 $C_{22}H_{40}BrN$。

（2）另选一用于滴定季铵盐阳离子表面活性剂的市售离子选择性电极（如膜材料为 PVC，内参比溶液为 BF_4^- 的电极）进行滴定。由于上述中所用的指示电极是自制的，为了实验的准确度，选择另一市售离子选择性电极做指示电极，在相同的条件下滴定，以验证实验结果的准确度。

2. 自动电位滴定仪的操作步骤

（1）安装好滴定装置。

（2）倒入标准滴定液，冲洗电磁阀橡皮管 3～4 次，在补充标准滴定液，调节液面至 0.00 刻度。

（3）取一定量的待测溶液与烧杯中，放入清洗过的搅拌子后，将烧杯放在搅拌器上。

（4）清洗电极，夹好，将电极头浸入待测溶液中。

（5）先手动滴定了解终点电位值的大小。将"功能"开关置手动，设置开关置测量，按滴定开始按钮，标准滴定液开始滴下，松开按钮滴定停止。

（6）根据（5）的数据设定终点、预控点。预控点的作用是当离终点较远时，滴定速度较快，到达预控点时滴定速度很慢。设置预控点就是设置预控点到终点的距离。

（7）等电极电位基本稳定时，在操作界面上启动测量程序，打开搅拌器，调节转速（一般从慢逐渐较快置适中），开始滴定。

（8）滴定结束后，记录标准滴定液消耗的体积，求待测溶液的浓度，计算出苯扎溴铵溶液中苯扎溴铵的含量。

（9）测量结束拿出电极，用滤纸轻轻擦净两个电极，浸于非离子表面活性剂的稀溶液中。搅拌片刻，除去附着在电极上的沉淀物，关闭滴定仪和电脑关闭电源，结束操作。

五、附注与注意事项

1. 电极的制备：搅拌下将经海明 1622 标定过的四苯硼钠（NaTPB）溶液与十二烷基二甲基苄基溴化铵溶液混合，得到含有白色絮状沉淀的悬浮液。过滤并用二氯甲烷对沉淀物进行多次萃取，将萃取液加热蒸发掉大部分溶液，真空干燥后得到白色粉末即为表面活性剂离子选择电极的电活性物质。

2. 在正式实验开始前，按浓度从小到大的顺序测定电极对阳离子表面活性剂的响应电势，依次测定该电极的 pH 适用范围、稳定性、重现性及选择性。

六、思考题

1. 电位滴定法与直接电位法的区别。
2. 自动电位滴定仪使用的注意事项。
3. 阳离子表面活性剂的特点及其在现实生活中的用途。

实验五十八　两性表面活性剂活性物含量测定

一、实验目的

1. 了解对两性表面活性剂含量测定的意义。
2. 掌握磷钨酸法测定两性表面活性剂含量的原理和方法。

二、实验原理

两性表面活性剂具有许多优异的性能，主要分为氨基酸型、甜菜碱型、咪唑啉型、磷脂型等。与离子型表面活性剂相比，目前对两性表面活性剂有效物含量的研究较少，采用的方法主要有磷钨酸法（容量法）、铁氰化钾法、高氯酸的电位差滴定法、高效液相法及紫外分光光度法等。

两性表面活性剂在等电点以下的 pH 时呈阳离子型，可与磷钨酸定量反应形成络合物。将含有苯并红紫 4B（作指示剂）的两性表面活性剂的盐酸溶液用磷钨酸滴定，两性表面活性剂与络合物首先反应形成两性表面活性剂——色素络合物，而后络合物被磷钨酸复分解。在酸性溶液中，色素在反应的等当点游离出来，体系显示出最初的酸性颜色。基于这样的事实，该法以苯并红紫 4B 为指示剂，以磷钨酸直接滴定两性表面活性剂以求得浓度。

三、仪器与试剂

仪器：酸式滴定管；三角烧杯；量筒；移液管；具塞比色管。

试剂：磷钨酸；盐酸；硝酸；硝基苯；95%乙醇；海明 1622；二硫化蓝 VN-150；十二烷基硫酸钠精制品；硫酸；溴化底米迪鎓；刚果红指示剂；苯并红紫 4B 指示剂。

四、实验步骤

1. 溶液配制

（1）0.006 mol/L 磷钨酸溶液：将 25g 磷钨酸（特级试剂 $P_2O_5 \cdot 24WO_8 \cdot mH_2O$，$m = 26 \sim 30$）溶液于 1000ml 蒸馏水中（如有沉淀，需过滤），放置数天待标定。

（2）0.02mol/L 海明 1622 溶液：称取 9g 海明 1622 用蒸馏水配制在 1000ml 容量瓶中，稀释至刻度，摇匀配用。

（3）混合指示剂溶液：称取 $0.5 \pm 0.005g$ 溴化底米迪鎓于 50ml 烧杯中，在另一个 50ml 烧杯中，称取 $0.25 \pm 0.005g$ 二硫化蓝 VN-150，各加入 $20 \sim 30ml$ 热的 10%（体积比）乙醇水溶液，搅拌至完全溶解，再将两种溶液转移至同一个 250ml 容量瓶中，用 10% 乙醇水溶液冲洗烧杯数次，溶液并入容量瓶中，然后稀释至刻度，摇匀配用。

（4）酸性混合指示剂：量取 20ml 混合指示剂贮配液，移入 500ml 容量瓶中，加入 200ml 蒸馏水，加 20ml 2.5mol/L 硫酸，用蒸馏水稀释至刻度，摇匀配用。

（5）0.004mol/L 十二烷基硫酸钠溶液：精确称取基准十二烷基硫酸钠 0.557g，溶于蒸馏水，准确配制成 500ml 浓度 C_1 为

摩尔浓度按下式计算：

$$C_1 = 0.557 \times 2 / 288.4$$

（6）0.004mol/L 海明 1622 溶液：用 20ml 移液管吸取 0.02mol/L 海明 1622 溶液于 100ml 容量瓶内，并用蒸馏水稀释至刻度。

（7）0.004mol/L 海明 1622 溶液的标定：用 20ml 移液管吸取 0.004mol/L 十二烷基硫酸钠溶液至 1000ml 具塞比色管中，加 10ml 蒸馏水、15ml 氯仿和 10ml 酸性指示剂，然后用 0.004mol/L 海明 1622 溶液滴定。开始阶段，每次加入 2ml 左右滴定溶液后，塞上塞子，充分摇匀，静置分层。当接近终点时，振荡后形成乳化液，很容易破乳，继续滴加，每次数滴后振荡静置，当粉红色完全从氯仿层中消失，氯仿层变为模糊的灰蓝色，即为终点。若滴定过量，则氯仿层呈蓝色。

海明 1622 溶液浓度 C_2 为

$$C_2 = C_1 \times 20 / V$$

式中，V 为海明 1622 消耗毫升数，ml。

（8）未稀释前海明 1622 溶液的标准浓度 C_3 应为

$$C_3 = 5 \times C_2$$

（9）0.006mol/L 磷钨酸溶液的标定：用 20 ml 移液管吸取已知浓度海明 1622 溶液于 100ml 三角烧杯中，加 $2 \sim 3$ 滴 0.1% 刚果红指示剂，加 1mol/L 盐酸 10 滴，加硝基苯 $6 \sim 8$ 滴，然后用磷钨酸滴定，由红色变为蓝色，即为终点。

$$C_{4磷钨酸} = C_3 \times 20 / 3V$$

式中，V 为磷钨酸消耗毫升数，ml。

2. 两性表面活性剂活性物测定

称取样品约 0.2g 于 100ml 三角烧杯中，加蒸馏水约 40ml，加入 4B 指示剂 $2 \sim 3$ 滴，加 1mol/L 盐酸 10 滴，加硝基苯 $6 \sim 8$ 滴，用 0.006mol/L 磷钨酸溶液滴定至由红色变为蓝色，即为终点。

$$活性物含量\% = C_4 \cdot V \cdot M \times 100 \times 3 / 1000m$$

式中，V 为磷钨酸消耗毫升数，ml；m 为样品的质量，g；M 为两性表面活性剂的摩尔质量，g/mol。

五、附注与注意事项

1. 在进行滴定分析时，准确把握滴定终点。
2. 等电点（pI）：在某一 pH 的溶液中，氨基酸或蛋白质解离成阳离子和阴离子的趋势或程度相等，成为兼性离子，呈电中性，此时溶液的 pH 称为该氨基酸或蛋白质的等电点。

六、思考题

磷钨酸法适用于所有类型两性表面活性剂含量的测定吗，请加以讨论。

实验五十九　沐浴乳中两性表面活性剂含量测定

一、实验目的

1. 了解电位滴定法的原理和操作步骤。
2. 掌握两性表面活性剂的测定方法。

二、实验原理

电位法是根据测得电极电位来确定物质活度（或浓度）的方法。电位法有直接电位法和电位滴定法两类。直接电位法是由测得的电位数值直接确定被测离子的活度（或浓度），电位滴定法则是滴定分析法的一种，它是在滴定过程中测量插入被测定溶液中的指示电极的电位变化来确定滴定终点的方法。

通常，指示电极的电位可通过能斯特方程来描述，它的最简形式是

$$E = E_0 + 0.059 / \lg c \text{（对于一价阳离子）}$$

式中，E 为指示电极电位，E_0 为恒定值，c 为被测离子的浓度。

根据滴定液与待测溶液的物质的量关系，列出浓度与体积对应的公式，求出待测溶液中表面活性剂的含量。

三、仪器与试剂

仪器：自动电位滴定仪；玻璃电极；甘汞电极；强酸阳离子交换树脂柱；强碱阴离子交换树脂柱；烧杯；磁力搅拌器；pH 酸度计；滴定台架。

试剂：乙醇；氢氧化钠；盐酸酸化溴酚蓝；酚酞；pH 缓冲溶液；沐浴乳。

四、实验步骤

1. 样品分离

（1）在 80%的乙醇介质中，制备一根含 10mmol 的强酸阳离子交换树脂柱，并用 100ml 的乙醇冲洗。

（2）在 80%的乙醇介质中，制备一根含 10mol/L 的强碱阴离子交换树脂柱，并用 100ml 的乙醇冲洗。

（3）称量含 12~15mmol 活性成分的样品，溶于乙醇中，接着转移到一个装有 100ml 蒸馏水的 500ml 烧杯中，并用乙醇来加速交换情况。用乙醇稀释混合。

（4）将 50ml 的样品溶液注入每根离子交换柱中，用 80%的乙醇冲洗并用 100ml 的相

同的溶液洗涤交换柱，流速不超过 2ml/（min·cm^2）。用 400ml 烧杯收集流出物。

2. 含量分析

（1）用 0.1mol/L 的 NaOH 乙醇溶液对流出物进行电位滴定，终点 pH 在 7 左右。

（2）用 0.1mol/L 的盐酸乙醇溶液对流出物进行电位滴定，拐点 pH 在 7 左右。

（3）用移液管移取 50ml 的试样溶液到 150ml 的烧杯中，要先用几毫升的 1.0mol/L 盐酸酸化溴酚蓝，并同第 1 步骤方法进行滴定。或者用几毫升 1.0mol/L 的氢氧化钠使酚酞呈碱性，并同第 2 步骤方法进行滴定。

（4）结果处理。通过第 1 步骤中滴定至终点所消耗的碱量就可测出弱酸的量。通过第 2 步骤中滴定至终点的酸消耗量就可测出胺的量。通过第 3 步骤中酸或碱到终点时所用的量即可得出弱酸、弱胺和两性表面活性剂的量，只含一个酸基或碱基的两面活性剂消耗两摩尔的酸或碱。

五、附注与注意事项

1. 手动电位滴定法的操作步骤

（1）开启酸度计电源，预热 30min，把指示电极和参比电极分别与酸度计或电位计连接，甘汞电极在滴定中作为参比电极，玻璃电极在滴定中作为指示电极，以校正仪器。选择适当 pH 的缓冲溶液，测量缓冲溶液的温度，调节温度补偿旋钮至实际温度。将电极浸入缓冲溶液中，调节定位旋钮，使酸度计显示的 pH 与缓冲溶液的 pH 相符。校正完后定位调节旋钮不可再旋动，否则必须重新校正。

（2）在烧杯中加入待滴定溶液，插入电极，确保电极浸入溶液中。

（3）用磁力或螺旋搅拌器不断搅拌。

（4）分批少量加入滴定剂，当电位（或 pH）值恒定时，记录滴定量和电位（或 pH）。

（5）随滴定剂的加入，电位变化率增加，减少滴定剂的用量，最后为一滴时到达终点。

（6）当滴定曲线上有突跃点时，也就是电位值的变化趋于缓慢下降时，停止滴定。

2. 自动电位滴定仪的操作步骤　仪器安装好连接好以后，插上电线，打开电源开关，电源指示灯亮。经 15min 预热后再使用。

（1）mV 测量

1）"设置"开关置"测量"，"pH/m"选择开关置"mV"。

2）将电极插入被测液中，将溶液搅拌均匀后，即可读取电极电位（mV）值；如果被测信号超出仪器的测量范围，显示屏会不亮，作超载警报。

（2）pH 标定及测量

1）标定仪器在进行 pH 测量之前，先要标定。一般来说，仪器在连续使用时，每天要标定一次。步骤如下：① "设置"开关置"测量"，"pH/mV"选择开关置"pH"；②调节"温度"旋钮，使旋钮白线指向对应的溶液温度值；③将"斜率"旋钮顺时针旋转到底（100%）；④将清洗过的电极插入 pH 为 6.86 的缓冲溶液中；⑤调节"定位"旋钮，使仪器显示数值与该缓冲液当时温度下的 pH 相一致；⑥用蒸馏水清洗电极，再插入 pH 为 4.00（或 pH 为 9.18）的标准缓冲溶液中，调节"斜率"旋钮，使仪器显示数值与该缓冲液当时温度下的 pH 相一致；⑦重复第⑤～⑥步直至不用再调节"定位"或"斜率"旋钮为止，至此，仪器完成标定。标定结束后，"定位"和"斜率"旋钮不应再动，直至下一次标定。

2）测量：①"设置"开关置"测量"，"pH/mV"选择开关置"pH"；②用蒸馏水清洗电极头部，再用被测溶液清洗一次；③用温度计测出被测溶液的温度值；④调节"温度"旋钮，使旋钮白线指向对应的溶液温度值；⑤将电极插入被测溶液中，将溶液搅拌均匀后，读取该溶液的 pH。

3）滴定前准备工作：安装好滴定装置后，在烧杯中放入搅拌转子，并将烧杯放在磁力搅拌器上。根据滴定的方法，选择好滴定的电极。

4）电位自动滴定：① 终点设定："设置"开关置"终点"，"pH/mV"选择开关置"mV"。"功能"开关置"自动"，调节"终点电位"旋钮，使显示屏显示所要设定的终点电位值。终点电位选定后，"终点电位"旋钮不可再动。②预控点设定：预控点的作用是当离开终点较远时，滴定速度很快；当到达预控点后，滴定速度很慢。设定预控点就是设定预控点到终点的距离。其步骤如下："设置"开关置"预控点"，调节"预控点"旋钮，使显示屏显示所要设定的预控点数值。例如：设定预控点为 100mV，仪器将在离终点 100mV 处转为慢滴定。预控点选定后，"预控点"旋钮不可再动。③终点电位和预控点电位设定好以后，将"设置"开关置"测量"，打开搅拌器电源，调节转速使搅拌从慢逐渐加快至适当转速。④按一下"滴定开始"按钮，仪器即开始滴定，滴定灯闪亮，滴液快速滴下，在接近终点时，滴速减慢。到达终点后，滴定灯不再闪亮，过 10s 左右，终点灯亮，滴定结束。⑤记录滴定管内滴液的消耗读数。

注意：到达终点后，不可再按"滴定开始"按钮，否则仪器将认为另一极性相反的滴定开始，而继续进行滴定。

5）电位控制滴定：将"功能"开关置"控制"，其余操作同 4。到达终点后，滴定灯不再闪亮，但终点灯始终不亮，仪器始终处于预备滴定状态，同样，到达终点后，不可再按"滴定开始"按钮。

6）pH 自动滴定：①按第（2）条第①步进行标定。② pH 终点设定："设置"开关置"终点"，"功能"开关置"自动"，"pH/mV"选择开关置"pH"；调节"终点电位"旋钮，使显示屏显示所要设定的终点 pH。③预控点设定："设置"开关置"预控点"，调节"预控点"旋钮，使显示屏显示所要设定的预控点 pH。例如：所要设定的预控点为 2pH，仪器将在离终点 2pH 左右处自动从快滴定转为慢滴定。其余操作同第（4）条的第③和第④步。

六、思考题

1. 在使用电位滴定法滴定时，应注意什么事项？
2. 滴定两性表面活性剂时判定滴定终点的依据是什么？
3. 当弱酸的 $K_a c \leqslant 10^{-8}$ 或弱碱的 $K_b c \leqslant 10^{-8}$ 时，能否用强碱或强酸通过电位滴定进行分析？

实验六十　非离子表面活性剂吐温-80 中脂肪酸含量测定

一、实验目的

1. 熟悉非离子表面活性剂的特点及其应用。
2. 掌握吐温-80 中脂肪酸的含量分析方法。

二、实验原理

吐温-80，又名聚山梨酯80，是一种非离子型表面活性剂，常作为乳化剂、增溶剂、稳定剂应用于药物制剂中。吐温-80由油酸山梨坦和环氧乙烷聚合而成的聚氧乙烯脱水山梨醇单油酸酯。

吐温-80的结构中有3个支链，每个支链中聚乙氧基（—CH$_2$CH$_2$O—）的数量不一，但整个分子的聚乙氧基数为20，不存在共轭双键，没有紫外吸收。

结构式如下：

$$x+y+z=20$$

用NaOH溶液使吐温-80发生皂化反应，将所得油酸经甲酯化后，采用气相色谱法（GC）法检测油酸甲酯含量，最后再换算为吐温-80的脂肪酸含量。

气相色谱是对有机物各组分定量分析最有效的方法，利用被测组分在固定相和流动相两相间分配系数的差异分离各组分。我们可以通过峰面积来测定样品中各组分的含量，但是各组分的色谱峰的分离度要大于1.5，否则进行定量分析就没有意义了。气相色谱常用的定量分析法有3种：归一化法、内标法和外标法。本次实验我们采用峰面积归一化法对吐温-80的脂肪酸含量进行分析。

归一化法定量分析简便、准确，进样量的准确性与操作条件的变动对测试结果影响不大，但要求所有组分必须全部出峰且能较好的分离。

$$C_i\% = \frac{A_i f_i}{A_1 f_1 + A_2 f_2 + \cdots + A_n f_n} \times 100\%$$

式中，C_i为被测组分的含量；A_i为被测组分的峰面积；f_i为被测组分的校正因子。

三、仪器与试剂

仪器：气相色谱仪；氢火焰离子化检测器（FID）；DB-1色谱柱（30m×0.32mm×0.25μm）；分析天平；烧杯；加热回流装置；50ml锥形瓶。

试剂：吐温-80；肉豆蔻酸甲酯；棕榈酸甲酯；棕榈油酸甲酯；硬脂酸甲酯；油酸甲酯；亚油酸甲酯；亚麻酸甲酯；氢氧化钠；甲醇；石油醚；三氟化硼；无水硫酸镁。

四、实验步骤

1. **色谱条件的选择**　以DB-1色谱柱（30m×0.32mm×0.25μm）为色谱柱，火焰离子检测器（FID），起始温度为90℃，程序升温，以每分钟20℃的速率升温至160℃，维持1min，再以每分钟2℃的速率升温至220℃，维持20min；进样口温度为250℃；检测器温度为250℃。载气（N$_2$）1.0 ml/min；氢气40 ml/min；空气400 ml/min；分流比：50∶1；进样量：1μl。

2. **供试品溶液的制备**　取约0.5000g样品，精密称定，置于100ml锥形瓶中，精密加入5ml 0.5mol/L氢氧化钠甲醇溶液，超声溶解；精密加入3ml 61.3%三氟化硼甲醇溶液，于60℃水浴中水浴20min；冷却后加入石油醚于分液漏斗中静置分层，进行多次萃取，得上层脂肪酸甲酯层，2g 无水硫酸镁脱水 1h，过滤，减压浓缩得脂肪酸甲酯的残渣，用石油醚定容于 10ml 容量瓶中。得供试品溶液，待进行 GC 分析。

3. **对照品溶液的制备**　分别精密称取对照品油酸甲酯、硬脂酸甲酯、肉豆蔻酸甲酯、棕榈酸甲酯、棕榈油酸甲酯、亚油酸甲酯、亚麻酸甲酯 355.0mg、74.4mg、48.8mg、109.1mg、117.3mg、82.8mg、118.7mg，加石油醚振摇使全部溶解，定容至 10ml，作为对照品溶液。

4. **气相色谱仪的开机及参数的设置**　①检测气相色谱仪各部分管路的连接，是否漏气；打开氮气钢瓶阀，调节流速 30ml/min，调分流比为 50：1。②设置柱温升温程序，设置汽化室温度。③打开色谱仪的电源开关。④打开工作站，根据色谱条件设置参数，通入氢气和空气。⑤点火：待检测器升到一定温度后，按住点火开关（每次点火时间不能超过 6~8 秒钟）点火，待基线稳定。⑥进样针取对照品溶液和供试品溶液，依次进样，同时点击“启动”按钮或按一下色谱仪旁边的快捷按钮，进行色谱数据分析。分析结束时，点击“停止”按钮，数据即自动保存。⑦关机。首先关闭氢气和空气气源，使氢火焰检测器灭火。在氢火焰熄灭后再将柱箱的初始温度、检测器温度及进样器温度设置为室温，待温度降至设置温度后，关闭色谱仪电源。最后关闭氮气。

5. **吐温-80 中脂肪酸的含量**　油酸含量不得少于 58.0%，含肉豆蔻酸、棕榈酸、棕榈油酸、硬脂酸、亚油酸与亚麻酸分别不得大于 5.0%、16.0%、8.0%、6.0%、18.0% 与 4.0%。

五、附注与注意事项

1. 吐温-80 的供试品溶液制备过程中，皂化、酯化反应是否完全，会影响脂肪酸甲酯的生成量，从而影响吐温-80 的含量测定。

2. 为了保证结果的准确性，需进行精密度试验和重复性试验。

六、思考题

1. 列出非离子表面活性剂的分类并阐述其在现实生活中的用途。
2. 在进行吐温-80 含量计算时，为什么有的理论计算值会超过实际称量值，请加以分析。

第四节　特种表面活性剂分析

碳氟表面活性剂、碳硅表面活性剂、高分子表面活性剂，以及生物表面活性剂，与传统表面活性剂相比，都具有特殊的组成，显示出特殊的性能，这些新颖的表面活性剂，被称为特种表面活性剂。

本节共安排了 2 个实验。

实验六十一　双子型表面活性剂含量测定

一、实验目的

1. 了解双子型表面活性剂的性质。
2. 掌握两相滴定法测定双子型表面活性剂的原理。

二、实验原理

在水溶液中解离出的离子为阳离子的双子型表面活性剂，代表类型有铵盐型、季铵盐型双子表面活性剂等，其中季铵盐型为主要代表。Gemini 表面活性剂是由两个单链单头基的普通表面活性剂通过化学键链接而成的一类新型表面活性剂。

两相滴定法是一种测定离子型表面活性剂的半微量和微量的容量分析方法。

溴酚蓝两相滴定法在阳离子表面活性剂定量分析中的应用较为成熟。其基本原理是采用溴酚蓝作两相指示剂，二氯乙烷作为相溶剂，用待测阳离子表面活性剂溶液滴定阴离子表面活性剂标注溶液，至下层溶剂显蓝色，直接测定阳离子表面活性剂含量。

滴定：

$$ROSO_3Na + BPB + X[Q][Q]X \xrightarrow{pH=9.8\sim12} R\!-\!OSO_3[Q][Q] + BPB$$

终点：

$$BPB + X[Q][Q]X \xrightarrow{pH=9.8\sim12} [Q][Q]\cdot BPB$$

其中 X[Q][Q]X 为 Gemini 阳离子表面活性剂；$[Q][Q]\cdot BPB$ 显蓝色，能溶于二氯乙烷。Gemini 阳离子表面活性剂的含量计算公式如下：

$$Gemini阳离子表面活性剂含量(\%) = \frac{C_a V_a}{2(V_1 - V_0)} \times \frac{0.5M}{m} \times 100\%$$

式中，M 为 Gemini 阳离子表面活性剂相对分子质量；m 为样品质量，g；C_a、V_a 分别为阴离子表面活性剂标准溶液的浓度（$mol\cdot L^{-1}$）和体积（ml）；V_1 为样品溶液滴定时所消耗的标准溶液的体积，ml；V_0 为空白实验时所消耗的标准溶液体积，ml。

三、仪器与试剂

仪器：锥形瓶；滴定管；移液管；冷凝管；容量瓶。

试剂：十二烷基硫酸钠（经重结晶）；硫酸；95%乙醇；氢氧化钠标准溶液；氯化钠；酚酞；Gemini 阳离子表面活性剂；碳酸钠溶液；溴酚蓝指示剂；二氯乙烷。

四、实验步骤

1. 试剂配制

（1）标准溶液的配制

1）十二烷基硫酸钠纯度的标定：称取经 99.5%（质量分数）乙醇重结晶的十二烷基硫酸钠 5g（精确称至 0.1g），置于 300ml 锥形瓶中，用移液管加入 25ml 2mol/L 硫酸，接上冷凝管加热，此时注意发泡现象，摇动锥形瓶，待瓶内溶液透明后，再加热回流 2h。冷却后，用约 30ml 95%乙醇从冷凝管上部洗涤内壁，用蒸馏水洗涤后，取下冷凝管，加水使溶液量达到 100ml，加数滴酚酞溶液 10g/L，用 1mol/L 氢氧化钠标准溶液滴定，同时做空白实验。十二烷基硫酸钠的纯度计算公式如下：

$$P = \frac{M(V_0 - V_1)C_{NaOH}}{100m}$$

式中，M 为十二烷基硫酸钠的相对分子质量；m 为样品质量，g；c_{NaOH} 为氢氧化钠标准溶液浓度，mol/L；V_1 为被测溶液滴定时所消耗的氢氧化钠标准溶液体积，ml；V_0 为空白实验时所消耗的氢氧化钠标准溶液体积，ml。

2）配制标准溶液：准确称取一定量已知纯度的十二烷基硫酸钠，定容于 250ml 容量瓶中。

（2）配制滴定剂：精确称取一定量 Gemini 阳离子表面活性剂，用水溶解后，定容于 500ml 容量瓶中（相当于 10^{-3}mol/L），用作滴定液。

2. 含量测定

（1）滴定操作：用移液管移取十二烷基硫酸钠标准溶液 20ml 置于锥形瓶中，加入去离子水 10ml、10% Na_2CO_3 溶液 0.5ml、1gNaCl、7 滴 0.05%溴酚蓝指示剂及 10ml 二氯乙烷。在充分振荡下用待测的 Gemini 阳离子表面活性剂滴定十二烷基硫酸钠标准溶液，直至二氯乙烷层变为蓝色即到达终点。同时做空白实验。

（2）含量测定：计算 Gemini 阳离子表面活性剂的含量。

五、附注与注意事项

1. 移液管和滴定管在使用时要进行润洗，以免影响结果。
2. 指示剂不宜加过量，以免影响肉眼对于颜色变化的判断。

六、思考题

1. 与传统表面活性剂相比，Gemini 阳离子表面活性剂的优点有哪些？
2. 两相滴定法滴定双子表面活性剂的原理是什么？

实验六十二   松香基季铵盐双子型表面活性剂性质测定

一、实验目的

1. 了解松香基季铵盐双子型表面活性剂（GSRP）的来源和应用。
2. 掌握 GSRP 乳化力、发泡力、表面张力、CMC 的测定方法。

二、实验原理

双子型表面活性剂，由于其特殊的分子结构而比普通表面活性剂有更低的临界胶束浓度和更高的表面活性，被誉为"新一代表面活性剂"，成为表面活性剂的一个活跃研究领域。松香是一种十分重要的天然产物，由其合成的表面活性剂一般具有较好的生态性能，符合"绿色"表面活性剂的"原料绿色化"要求。

目前松香制备表面活性剂的研究较多，大部分是将松香经过改性，制备为单亲水基与单疏水基型表面活性剂，而对于利用松香及其衍生物制备双子型表面活性剂的研究尚属起步阶段。本实验针对松香的结构特点对其羧基进行改性，制备出 CMC 值比常用表面活性剂低的松香基季铵盐双子面表活性剂（GSRP）。

三、仪器与试剂

仪器：红外光谱仪；全自动张力仪；旋转蒸发仪。

试剂：松香（一级，酸值 170.54mg KOH/g）；无水乙醇；乙醚。

四、实验步骤

1. **红外定性分析** 取干燥试样制成薄片，波数范围 4000～400cm^{-1}，分辨率为 2cm^{-1}，溴化钾压片法。与标准图谱对照，进行定性分析。

2. **乳化力的测定** 参考实验四十三。取产物 0.100g 溶于 100ml 蒸馏水中，量取 40ml 该溶液于 100ml 具塞量筒中，再加入 40ml 苯，盖紧塞子。上下剧烈振动 5 次，放置 1min，重复 5 次，静置后开始计时，记录分出 10ml 水的时间。

3. **发泡力的测定** 参考实验四十四。向 50ml 0.5%浓度的表面活性剂溶液中加入 25ml 水定容至 75ml，上下振动 20 次，5min 后测定其泡沫高度。

4. **表面张力的测定** 参考实验三十五和 GB/T5549。在 25℃条件下测定产品溶液的表面张力。

5. **临界胶束浓度的测定** 参考实验三十六。在 25℃条件下测定产品溶液的 CMC。

五、附注与注意事项

在表面活性剂的结构分析中，红外光谱的作用尤为重要，这是因为表面活性剂的主要官能团均在红外光谱中产生特征吸收，据此可以确定其类型，进一步借助于红外标准谱图可以确定其结构。

六、思考题

在对双子表面活性剂进行分析的过程中需要注意哪些关键步骤？

第六章

表面活性剂应用实验

第一节　表面活性剂在日用化学品中的应用

　　日用化学品是指用于家庭日常生活和居住环境的具有清洁、美化、清新、抑菌杀菌、保湿保鲜等功能的精细化工产品，它是一类发展迅速且与人们生活极为贴近的精细化学品，与人们的衣、食、住、行等日常生活息息相关。日用化学品的种类繁多，主要包括洗涤用品、化妆品、人体清洁用品、家庭用精细化学品和香料香精等。典型的日用化学品有沐浴露、洗面奶、面膜、洗手液、洗发水、护发素、牙膏、香皂、洗衣皂、洗衣液、洁厕液和消毒液等。迄今为止，洗涤用品和化妆品仍是日用化学品的主体，这两类产品占全部日用化学品产量的 70%以上。

　　表面活性剂在日化行业有着最直接和最广泛的应用。在各种类型的表面活性剂中，阴离子表面活性剂在日用化学品中主要起清洁、润湿、乳化和发泡的作用；阳离子表面活性剂起柔软、抗静电、防水和固色的作用；两性离子表面活性剂，具有良好的洗涤性能，低毒、低刺激性，在日用化学品中起柔软、抗静电、乳化、分散和杀菌的作用；非离子表面活性剂，具有安全、温和无刺激性的特点，在日用化学品中的应用范围也十分广泛。近年来，以生物质为基础的氨基酸表面活性剂，由于分子中有氨基酸的骨架，除兼有其他系列表面活性剂的性能之外，还具有降解迅速、生物相容性好、抑菌作用强等特点，已经越来越受到研究者和市场的重视。

　　本节共安排了 5 个实验，介绍表面活性剂在洗洁精、膏霜、牙膏、肥皂、防晒剂等日用化学品中的应用。

实验六十三　洗洁精的配制及脱脂力的测定

一、实验目的

1. 了解洗洁精各组分的性质及配方原理。
2. 熟悉洗洁精的配制方法。
3. 掌握洗洁精脱脂力的测定方法。

二、实验原理

　　1. 洗洁精的产品性质及去污原理　　洗洁精一般是无色或淡黄色透明液体，主要用于洗涤碗碟和水果蔬菜。其特点是去油腻性好、简易卫生、使用方便。污垢通常都具有憎水性质。各种污垢成分以分子间引力粘连在一起，又由于物理吸附、化学吸附、静电吸附等机制而黏附在被洗物品的表面上，单纯用水洗难以清除干净。在用洗洁精洗涤过程中，洗涤剂溶液首先将污垢及被洗物的表面湿润，并向其孔隙内部渗透。在洗涤时的揉搓、刷洗、搅拌、加压喷淋等机械力作用下，表面活性剂通过界面吸附、乳化、分散、增溶等过程，将污垢分散成亲水性粒子而从被洗物的表面脱离。

2. 洗洁精配制原理 设计洗洁精的配方时，应根据洗涤方式、污垢特点、被洗物性质及其他功能要求，具体可归纳为以下几点。

（1）配制洗洁精基本原则：①消毒洗涤剂应能有效地杀灭有害菌，而不危害人体安全；②能较好地洗净并除去动植物油垢，即使对黏附牢固的油垢也能迅速除去；③清洗剂和清洗方式不损伤餐具、灶具及其他器具等；④用于洗涤蔬菜和水果时，应无残留物，也不影响其外观和原有风味；⑤具有一定的发泡性能；⑥能长期储存，稳定性好。

（2）洗洁精的配方特点：①洗洁精应制成透明状液体，要设法调配成适当的浓度和黏度。②设计配方时，一定要充分考虑表面活性剂的配方效应，以及各种助剂的协同作用。如阴离子表面活性剂烷基酚聚氧乙烯醚硫酸酯盐与非离子表面活性剂烷基酚聚氧乙烯醚复配后，产品的泡沫性和去污能力都得到提高。配方中加入乙二醇单丁醚，则有助于去除油污。加入月桂酸二乙醇酰胺可以增泡和稳泡，可减轻对皮肤的刺激，同时可增加适当的黏度。羊毛脂类衍生物可滋润皮肤，调整产品黏度则主要使用无机盐电解质。③洗洁精一般都是高碱性，主要为提高去污能力和节省活性物，并降低成本。但 pH 不能高于 10.5。④高档的餐具洗涤剂要加入釉面保护剂，如乙酸铝、甲酸铝、磷酸铝酸盐、硼酸酐及其混合物。⑤可加入少量香精和防腐剂。

（3）洗洁精的主要原料：洗洁精的原料，主要包括溶剂、表面活性剂和助剂等。

溶剂一般为水，其溶解力和分散力都比较大，比热容和汽化热也大，不可燃，无污染。但水也存在一些缺点，如对油脂类污垢溶解力差，表面张力大，硬度大的水需软化处理等。

添加在洗洁精中的表面活性剂，主要包括阴离子表面活性剂、非离子表面活性剂。如常用的十二烷基苯磺酸钠、脂肪醇聚氧乙烯醚硫酸钠等均属于阴离子表面活性剂，而壬基酚聚氧乙烯醚、月桂酸二乙醇胺等则属于非阴离子表面活性剂。

助剂主要包括增稠剂、螯合剂、香精及防腐剂等。

3. 脱脂力测定方法 脱脂力又称洗净率，是洗涤剂的一个重要指标。将标准油污涂在已称重的载玻片上，用配好的一定浓度的洗涤剂溶液进行洗涤，干燥后称重，即可通过下式计算脱脂力 W。

$$W\% = \frac{R-C}{B-A} \times 100$$

式中，A 为未涂油污的载玻片重量，g；B 为涂油污后的载玻片重量，g；C 为洗涤后干燥的载玻片重量，g。

三、仪器与试剂

仪器：平板电炉；水浴锅；电动搅拌器；温度计（0～100℃）；烧杯（100ml，500ml）；量筒（10ml，100ml）；电子天平（万分之一）；滴管；玻璃棒；脱脂力测定装置；载玻片若干；称量瓶；载玻片架；镊子；脱脂棉球；容量瓶（1L）。

试剂：十二烷基苯磺酸钠（ABS-Na）；脂肪醇聚氧乙烯醚硫酸钠（AES）；椰子油酸二乙醇酰胺（尼诺尔）；壬基酚聚氧乙烯醚（OP-10）；乙醇；甲醛；乙二胺四乙酸（EDTA）；三乙醇胺；二甲基月桂基氧化胺；二甲苯磺酸钠；香精；pH 试纸；苯甲酸钠；氯化钠；硫酸；无水氯化钙；硫酸镁（MgSO$_4$·7H$_2$O）；无水乙醇；标准油污（将植物油 20g、动物油

20g、油酸 25g、油性红、氯仿 60ml 混合均匀即可）。

四、实验内容

1. 洗洁精配方 见表 6-1，可自选。

表 6-1 洗洁精的配方

原料	质量分数/（%）			
	配方 1	配方 2	配方 3	配方 4
ABS-Na（30%）	—	16.0	12.0	16.0
AES（70%）	16.0	—	5.0	14.0
尼诺尔（70%）	3.0	7.0	6.0	—
OP-10（70%）	—	8.0	8.0	2.0
EDTA	0.1	0.1	0.1	0.1
乙醇	—	6.0	0.2	—
甲醛	—	—	0.2	—
三乙醇胺	—	—	—	4.0
二甲基月桂基氧化胺	3.0	—	—	—
二甲苯磺酸钠	5.0	—	—	—
苯甲酸钠	0.5	0.5	1.0	0.5
氯化钠	1.0	—	—	1.5
香精、硫酸	适量	适量	适量	适量
去离子水	加至 100	加至 100	加至 100	加至 100

注：原料后面括号内百分数为其活性物含量。

2. 洗洁精的配制 向烧杯中加入配方量去离子水，水浴加热至 60℃左右。加入 AES 搅拌至全部溶解，保持温度 60～65℃，搅拌下加入其他表面活性剂，搅拌至全部溶解。降温至 40℃以下，加入香精、防腐剂、螯合剂、增溶剂，搅拌均匀。测溶液的 pH，用硫酸调节 pH 至 8～9，把产品冷却到室温或测黏度时的标准温度再加入适量氯化钠调节到所需黏度，调节后即为成品。

3. 脱脂力的测定

（1）载玻片油污的涂制：用乙醇洗净 6 枚载玻片，干燥后称重，准确到 0.0001g。在（20±1）℃，将每一枚载玻片浸入油污中，浸没至载玻片 55mm 高处约 3s 取出，用滤纸吸净载玻片下沿附着的油污，放在载玻片架上，在（30±2）℃下干燥 1h，称重，准确到 0.0001g。

（2）硬水的配制：根据我国的水质情况并参照洗涤剂去污力的测定方法，采用 250mg/L 的硬水，按钙镁离子比为 6∶4 进行配制。取 0.165g 无水氯化钙，0.247g 硫酸镁（$MgSO_4 \cdot 7H_2O$），用蒸馏水稀释至 1L，即为 250mg/L 的硬水。

（3）洗涤剂溶液的配制：取 10g 配制的洗洁精产品，用 250mg/L 的硬水稀释至 1L。

（4）脱脂实验：将制好的油污载玻片小心放入脱脂力测定装置（图 6-1）的支架上。取 700ml 配制好的洗涤剂溶液倒入测定仪的烧杯中，搅拌转数控制在 250r/min，在（30±2）℃或室温的条件下洗涤 3min。倒出洗涤液，另取 700ml 蒸馏水，在相同条件下漂洗 1min。取出载玻片，挂在支架上，室温下干燥一昼夜，准确称重至 0.0001g。

（5）平均脱脂力计算：取 6 枚载玻片脱脂力的平均值为洗洁精的平均脱脂力。

$$平均脱脂力 = \sum_{i=6}^{6} \frac{W_i}{6}$$

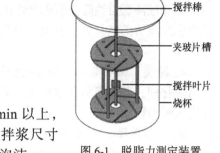

图 6-1　脱脂力测定装置

五、附注与注意事项

1. AES 应慢慢加入水中，搅拌时转速需 300r/min 以上，有助于打碎 AES 溶解中产生的胶团，利于溶解，搅拌浆尺寸要适中且深入液面以下，防止搅拌过程中产生大量泡沫。

2. AES 高温下极易水解，溶解温度不可超过 60℃。

3. 洗洁精产品标准参见 GB/T9985。

4. 在脱脂力测定的试验中，称量时按顺序编号，防止混淆。

六、思考题

1. 配制洗洁精的原则有哪些？其 pH 应控制在什么范围？为什么？

2. 在脱脂力测定的试验操作过程中，手指能否直接接触载玻片？为什么？

3. 为什么漂洗后的载玻片要在室温下放置一昼夜后再称重？

实验六十四　膏霜的配制

一、实验目的

1. 了解膏霜的性质及用途。
2. 熟悉膏霜的配制原理和各组分的作用。
3. 掌握乳化法制备半固体制剂的制备方法。

二、实验原理

膏霜是具有代表性的传统化妆品，它能在皮肤上形成一层保护膜，供给皮肤适当的水分和油脂及营养剂，从而保护皮肤免受外界不良环境因素刺激，延缓衰老，保护皮肤健康。膏霜作为最基础的化妆品，在满足人们的物质和精神生活方面起着重要的作用。

膏霜类化妆品主要有雪花膏、冷霜等。

雪花膏为白色乳化状软膏，通常是以硬脂酸皂为乳化剂的 O/W 型乳化体系。水相中含有多元醇等水溶性物质，油相中含有脂肪酸、长链脂肪醇、多元醇脂肪酸酯等非水溶性物质。当雪花膏被涂于皮肤上，水分挥发后，吸水性的多元醇与油性组分共同形成一个控制表皮水分过快蒸发的保护膜，它隔离了皮肤与空气的接触，避免皮肤在干燥的环境中由于表皮水分过快蒸发导致的皮肤干裂。

制造雪花膏的基本原料有以下几种。

1. **硬脂酸**　硬脂酸是制造雪花膏的主要原料。其中一部分与碱中和生成皂基，作为乳化剂，其余大部分与水、保湿剂在皂化的作用下形成乳化的膏体。

2. **保湿剂**　常用的保湿剂有甘油、丙二醇、山梨醇、聚乙二醇、霍霍巴蜡等。目前甘油应用较广，一般应使用无色、无气味的纯度在 98% 以上的甘油，用量为硬脂酸的 1.2～1.5

倍。保湿剂可防止膏体干缩并增加膏体抗冻能力，且使皮肤柔软不干裂。

3. 单硬脂酸甘油酯 单硬脂酸甘油酯的主要成分为 $CH_2OHCHOHCH_2OCO(CH_2)_{16}CH_3$，是白色或浅黄的蜡状物，具有良好的乳化作用，使膏体具有洁白细腻、润滑、稳定、光泽等性能。

4. 碱类 碱类能使一部分硬脂酸（约20%）中和为硬脂酸盐作为乳化剂。常用的碱是纯氢氧化钾，若用氢氧化钠则使膏体发硬；用碳酸钠则产生二氧化碳而起泡；用硼砂则膏体容易析出颗粒。

5. 水和香精 水占膏体的60%～80%。香精使膏体有愉快香味且有一定的防腐作用。

制雪花膏时的主要的化学反应：

$$C_{17}H_{35}COOH + KOH \longrightarrow C_{17}H_{35}COOK + H_2O$$

冷霜为含油量较高的膏霜。它能供给皮肤适量的油分，冬天使用时，气温使水分蒸发，同时所含水分被冷却成冰雾，因而产生凉感。冷霜通常为W/O（油包水）型制剂。冷霜基本成分为蜂蜡、白油、硼砂和水，冷霜中油脂的含量可达65%～85%。

三、仪器与试剂

仪器：烧杯（250ml）；表面皿；恒温水浴；电动搅拌器；电热恒温箱；温度计（0～100℃）。

试剂：硬脂酸；单硬脂肪酸；硬脂酸丁酯；甘油酯；丙二醇；氢氧化钾；香精；防腐剂；蜂蜡；白凡士林；白油（18#）；鲸蜡；司盘-80；乙酰化羊毛醇；硼砂；抗氧化剂；油溶性染料；水溶性染料；精密pH试纸。

四、实验内容

1. 雪花膏的制备 配方见表6-2。将蒸馏水加入烧杯中，然后加入丙二醇和氢氧化钾，加热至80℃制成水相。其余部分加入另一烧杯中加热至90℃，使物料溶解均匀。在搅拌下把油相缓缓加入水相，在约50℃时加入防腐剂，在约45℃时加入香精，继续搅拌至冷，便得到雪花膏。

表6-2 雪花膏的配方

组分	质量/g	组分	质量/g
硬脂酸	10	氢氧化钾	0.2
十八醇	4	香精	1
单硬脂酸甘油酯	2	防腐剂	适量
硬脂酸丁酯	8	蒸馏水	75
丙二醇	10		

2. 冷霜的制备 配方见表6-3。把蒸馏水加入烧杯中，然后将硼砂溶解在蒸馏水中，加热至70℃，将香精、抗氧剂以外的其他组分混合，并使物料溶解均匀。在剧烈搅拌下将水相加入油相内，加完后改为缓慢搅拌，待冷却至45℃时加入香精、抗氧剂。40℃停止搅拌，静置过夜，再经研磨后，便可得冷霜。

表 6-3　冷霜的配方

组分	质量/g	组分	质量/g
蜂蜡	10	乙酰化羊毛醇	2
白凡士林	7	蒸馏水	41.5
白油（18#）	34	硼砂	0.6
鲸蜡	4	香精	0.3
司盘-80	1	抗氧剂	适量

3. 性能检测

（1）产品感观评定：颜色、气味。记录色泽、性状、香气及擦在皮肤上的现象。

（2）乳化体类型测定方法

1）产品易与矿物油相混合（W/O），还是易与水相混合（O/W）；

2）产品涂在表面皿上约 1.6mm 高，面积约 6.5cm^2 的薄膜，在薄膜不同部位撒上研磨过的油溶性染料和水溶性染料，油溶性染料扩展为 W/O 型，水溶性染料扩展为 O/W 型。

pH：称 1.0g 样品，加 10ml 无二氧化碳的蒸馏水，加热至 40℃搅匀，冷却至 25℃，用精密 pH 试纸测试。

（3）稳定性试验

1）耐热指标：40±1℃，24h 膏体无油水分离。

耐热实验：电热恒温箱调至 40±1℃，试样移入离心试管中，高度为试管高的 1/3，用软木塞塞紧试管口，放入恒温箱恒温 24h 取出观察。

2）耐寒指标：–5～+15℃，24h 后恢复室温膏体无油水分离。

耐寒试验：冰箱调至–5～+15℃，将包装完整的试样一瓶放入冰箱 24h，恢复室温观察。

3）离心试验：将 7ml 待测液灌入 10ml 离心管中，用软木塞塞好，放入 38±1℃的恒温箱中，1h 后取出移入离心机，在 2000r/min 转速下，旋转 30min，取出观察有无分层现象。

五、附注与注意事项

1. 在膏体中可加入一些天然植物提取物，如薏苡仁、芦笋、当归、沙棘、皂角等，给皮肤补充营养，使之细嫩、美白，富有光泽。

2. 降温过程中，黏度逐渐增大，搅拌带入膏体的气泡不易逸出，因此，黏度大时搅拌不能太剧烈。但降温过程中不能停止搅拌，因为搅拌能使油相分散更细，并能加速它与硬脂酸结合形成结晶，出现珠光现象。

3. 水质对膏霜有重要影响。应控制 pH 在 6.5～7.5，钙离子和镁离子的总浓度小于 100mg/L，氯离子小于 50mg/L，三价铁离子小于 0.3mg/L。

六、思考题

1. 膏霜类化妆品主要有哪些类型？各有什么特点和用途？

2. 配方中主要有哪些组分？主要有什么作用？

3. 膏霜配制时为什么油相、水相分别配制，然后再混合到一起？

实验六十五　牙膏的制备

一、实验目的

1. 了解不同牙膏在成分上的区别及对不同品质牙膏的分类。
2. 掌握洁齿制品的配方原理及表面活性剂在洁齿制品中的作用。

二、实验原理

1. 对洁齿制品牙膏的基本要求

（1）当与牙刷配合使用时，应能对牙齿有良好的清洁作用，可清除食物碎片、牙菌斑和污垢。

（2）使用时有舒适的香味和口感，刷后有凉爽清新感觉。

（3）无毒性，对口腔黏膜无刺激作用，容易从口腔、牙齿和牙刷上清洗干净。

（4）有一定的化学和物理稳定性，在保质期内应保持稳定（包括分离、变色和变味等）。

（5）磨料选用涉及釉质和牙本质的损伤，磨料的选用应符合有关行业标准或国家标准。

（6）如果声明是具有预防牙病的制品（如防龋病、牙周炎，脱敏作用，防牙斑和牙石等），必须经过可靠的临床试验验证。

2. 洁齿制品牙膏的组成　牙膏主要由摩擦剂、洗涤剂、赋形剂、胶着剂等成分组成。各种成分的作用如下：

（1）摩擦剂：摩擦剂是组织摩擦的主体。刷牙时，借助摩擦剂粉末与齿面的摩擦作用，达到清洁牙齿的目的。常用摩擦剂有碳酸钙、氢氧化铝、磷酸钙等。

（2）表面活性剂：表面活性剂是配合摩擦来清除污垢的。刷牙时产生的泡沫可深入牙缝，或牙刷达不到的地方，使油污和食物残渣附着于泡沫上随水漱出。表面活性剂在牙膏中的作用不仅可以起到清洁的作用，还可起到起泡的作用。

（3）赋形剂：赋形剂是起湿润、增稠和防冻作用的，它能使膏体保持一定的稠度、光洁度、流变性（亦属塑性或弹性）、耐寒性和耐热性。牙膏的赋形剂有甘油、水、乙醇、淀粉、糖浆等。

（4）胶着剂：胶着剂能防止膏体分离，使膏体具有一定可塑性。常用胶着剂为羧甲基纤维素。

（5）甜味剂：甜味剂主要是消除膏体中其他原料的异味。一般使用糖精或糖精钠。

（6）芳香剂：牙膏中配入芳香剂，不仅可以使膏体具有一定的香味，留香口腔，消除口臭，而且还具有一定的杀菌功能。常用的香料是由橙皮精油柠檬烯为原料合成的香芹酮，也可使用薄荷油、留兰香油、冬青油、茴香油、龙脑油、各种水果香油等天然香料。

（7）缓冲剂：牙膏中的碱度（pH）不宜过高，加入缓冲剂是为了减少 OH^- 离子的浓度。牙膏常用的缓冲剂有磷酸氢钙等。

三、仪器与试剂

仪器：电子天平；烧杯（250ml）；量筒（10ml，50ml）；滴定管；真空机；研磨机；胶水锅；混合锅。

试剂：磷酸氢钠；二氧化硅；甘油；羧甲基纤维素钠；角叉菜胶；月桂基硫酸钠；糖

精钠；对羟基苯甲酸乙酯；香精。

四、实验内容

1. 按照配方中所标注的药品用量称取药品，配方见表 6-4。

2. 将甘油、羧甲基纤维素钠投入胶水锅内，润湿搅拌，再加入已溶化的糖精钠、精制水等原材，继续搅拌，使制成的胶水呈均匀半透明黏状液态，然后静置，让其充分溶化膨胀后使用。

3. 将各种固体粉状原料和配制好的胶水、香精等按配方及操作要求，投入混合锅内，通过机械混合搅拌均匀，制成具有一定黏性、稀稠适当的膏体。

4. 膏体经过研磨机研磨，可将过粗、过硬的颗粒磨细，使膏体细腻、均匀、稳定，研磨可分两次进行，第一次研磨后储存，第二次研磨后要进行真空脱气，直到真空度达到—0.096MPa 为止，时间约为 50min。

5. 膏体脱气后静置一段时间，得到产品。

表 6-4　牙膏配方表

组分	重量/g	组分	重量/g
磷酸氢钠（缓冲剂）	45.0	二氧化硅（摩擦剂）	2.0
甘油（赋形剂）	15.0	羧甲基纤维素钠（胶着剂）	1.0
角叉菜胶（增稠剂）	0.3	月桂基硫酸钠（发泡剂）	1.5
糖精钠（甜味剂）	0.1	对羟基苯甲酸乙酯（抑菌防腐剂）	0.01
香芹酮（香料）	适量	其他药效成分	适量
蒸馏水	35.0	总量	100

6. 产品质量评判：产品标准参见 GB/T8372。

（1）稀稠度：如果挤时费力或特别稀，不成圆状，说明质量已发生变化。

（2）色泽：应洁白，叶绿素牙膏应呈淡绿色。

（3）有无过硬颗粒：将少许牙膏涂抹在玻璃上，用手指摊均捺压，看有无过硬的颗粒，如有会在刷牙时划伤牙齿。

（4）有无渗水现象：挤点牙膏在毛边纸上，用手指均匀摊开，看纸的反面有无渗水。质好的牙膏渗水很少。

五、附注与注意事项

1. 香精应选择稳定性好的原料，否则外部环境有较大变化时会出现变色、褪色等现象。

2. 制作液体牙膏时，膏体温度不宜超过 35℃，否则会影响牙膏的性质。

3. 整个实验对搅拌的要求较高，应做到充分高速地搅拌。

六、思考题

1. 口腔卫生用品还有其他哪些品种？

2. 牙膏配方中各个成分的作用是什么？表面活性剂应用于牙膏中的作用是什么？

3. 本实验在操作过程中有哪些注意事项？

实验六十六　肥皂的制备

一、实验目的

1. 了解盐析的原理和方法。
2. 熟悉表面活性剂的洗涤去污机理。
3. 掌握皂化反应的原理和肥皂的制备方法。

二、实验原理

肥皂是脂肪酸金属盐的总称。通式为 RCOOM，式中 RCOO⁻为脂肪酸根，M⁺为金属离子。日用肥皂中的脂肪酸碳数一般为 10～18，金属主要是钠或钾等碱金属，也有用氨及乙醇胺、三乙醇胺等有机碱制成的特殊用途的肥皂。广义上，油脂、蜡、松香或脂肪酸等和碱类起皂化或中和反应所得的脂肪酸盐，皆可称为肥皂。

植物油和动物脂肪都是由脂肪酸与甘油形成的酯，经强碱性 NaOH 水解，生成脂肪酸和甘油，这一反应称为皂化反应。反应式如下：

$$
\begin{array}{c}
CH_2-O-\overset{\displaystyle O}{\overset{\|}{C}}-C_{17}H_{33} \\
CH-O-\overset{\displaystyle O}{\overset{\|}{C}}-C_{15}H_{31} \quad + \quad 3NaOH \quad \xrightarrow[\triangle]{\text{皂化}} \quad
\begin{array}{l}
CH_2-OH \\
CH-OH \\
CH_2-OH
\end{array} \quad + \quad
\begin{array}{ll}
C_{17}H_{33}COONa & \text{油酸钠} \\
C_{15}H_{31}COONa & \text{软脂酸钠} \\
C_{17}H_{35}COONa & \text{硬脂酸钠}
\end{array} \\
CH_2-O-\overset{\displaystyle O}{\overset{\|}{C}}-C_{17}H_{35}
\end{array}
$$

猪油皂化反应

肥皂的主要组分：羧酸钠盐、色素、香料、防腐剂、抗氧化剂、发泡剂、硬化剂、黏稠剂、表面活性剂等。

肥皂属于阴离子表面活性剂，具有去污功效，是家用洗涤剂的主要品种。肥皂的羧酸根端是亲水的，它被吸引到水分子周围；而烃基端是疏水的，趋向油污的环境。由于存在两亲结构，肥皂在水溶液中会形成不同程度的聚合体胶束，如图 6-2 所示。当油污被肥皂分子包围时，它们与衣服纤维间的附着力减少，一经搓洗，肥皂液就渗入不等量的空气，生成了大量的气泡。最终油污通过搅动自动从衣服等织物上脱离下来，溶解到水中，达到洗涤去污的效果。

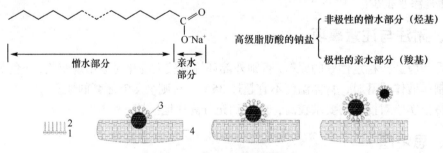

图 6-2　肥皂去污原理示意图

1-亲水基；2-憎水基；3-油污；4-纤维织品

三、仪器与试剂

仪器：电热恒温水浴锅；机械搅拌装置；回流冷凝管；圆底烧瓶（100ml）；玻璃棒；布氏漏斗；抽滤瓶；滤纸；烧杯（100ml）；电子天平；量筒（10ml）；不锈钢角匙；循环水真空泵；肥皂模具。

试剂：植物油；乙醇；氢氧化钠；氯化钠；松香、香料、色素。

四、实验步骤

量取 10ml 植物油、7ml 乙醇、15ml 20%氢氧化钠水溶液，依次加入带搅拌装置的 100ml 圆底烧瓶中，水浴温度控制在 70℃，至反应混合物变为糊状，停止加热，向反应液中加入 15ml 热的饱和食盐水并充分搅拌，盐析。静置，冷却，将混合物用滤纸和布氏漏斗过滤，固体用水洗净取出，放入烧杯，加入 0.1g 松香，以及适量香料、色素，搅拌，倒入模具（木质或硅胶）中冷却，固化成型。详细记录各种物料加入时的温度、时间及反应过程中出现的现象，并记录成品的外观和质量。

五、附注与注意事项

若用滤纸和布氏漏斗过滤困难，也可采用纱布。

六、思考题

1. 加入松香的作用是什么？
2. 写出皂化反应的机理，怎样确定皂化反应是否完全？皂化反应完成后，为什么要加入氯化钠溶液？
3. 在制备肥皂的过程中，为何要加入乙醇？
4. 皂化反应的副产物是什么，如何检验和分离出副产物？

实验六十七　防晒霜的配制

一、实验目的

1. 了解防晒霜的防晒原理及防晒的重要性。
2. 掌握防晒霜的配制方法。

二、实验原理

防晒霜是一种油包水型的防晒乳化产品。它既能保持一定的吸湿性，又不至于过分油腻，附着力强，使用方便，是深受人们欢迎的防晒化妆品。

紫外线是指波长在 400nm 以下的光线，根据其波长不同可分为长波紫外线（简称 UVA，波长 320～400nm）、中波紫外线（简称 UVB，波长 280～320nm）和短波紫外线（简称 UVC，波长小于 280nm），其中短波紫外线被高空臭氧层吸收，不能到达地面。人们长期受到日光紫外线的照射，会使人体发生生理上的变化。长波紫外线照射人体后，会使皮肤发黑，皮肤会有明显的色素沉淀；中波紫外线照射人体后，可引起皮肤发红，结果导致皮肤失水干燥，起皱纹、萎缩变薄，以及出现变暗、发黑等一系列皮肤老化现象。

防晒是预防紫外线对人体造成损害的重要措施。防晒剂是防晒化妆品中起防晒作用的关键物质，按防护作用机理可分为物理紫外屏蔽剂、化学紫外吸收剂及天然防晒剂。迄今为止，国际上开发的防晒剂已有 60 余种，而由于化学紫外吸收剂为化学物质，其使用安全性受到各国的重视，每个品种的推出都须通过十分严格的安全性试验。

1. 物理紫外屏蔽剂   物理紫外屏蔽剂通过反射及散射紫外线而对皮肤起到保护作用，它主要为无机粒子，其典型代表为二氧化钛、氧化锌。二氧化钛和氧化锌的紫外线屏蔽机理可用固体能带理论解释，由于它们均属于宽禁带半导体，分别对应吸收 413nm 和 388nm 的紫外线。同时它们还有很强的散射紫外线的能力，当紫外线照射到纳米氧化钛和氧化锌粒子时，由于它们的粒径小于紫外线的波长，氧化锌和二氧化钛粒子中的电子被迫振动，成为二次波源，向各个方向发射电磁波，从而达到散射紫外光的效果。

2. 化学紫外吸收剂   化学紫外吸收剂可以分为紫外线 A（UVA）吸收剂和紫外线 B（UVB）吸收剂，这主要取决于其所吸收的紫外线类型。UVA 吸收剂是一种吸收光谱波长在 320～400nm 范围的紫外线的化合物，主要包括二苯（甲）酮、邻氨基苯甲酸酯和二苯甲酰甲烷类化合物等；UVB 吸收剂则是一种吸收光谱波长在 290～320nm 范围的紫外线的化合物，主要包括氨基苯甲酸酯及其衍生物、水杨酸酯及其衍生物、肉桂酸酯类和樟脑类衍生物等。

3. 天然防晒剂   随着人们健康意识的逐渐提高，有越来越多的天然及有机成分被添加到个人护理产品中，防晒产品也不例外。专家指出，将来在护肤产品中，人们会加入更多的植物成分和抗氧化剂，如黄酮类、蒽醌类及植物多酚类。因为植物成分可以增加防晒指数，同时可以避免化学成分的使用。市场上有些新推出的面部护肤品就加入了多种抗氧化剂，这些抗氧化剂使得产品的 SPF 值提高。化学合成防晒剂因光稳定性差、易氧化变质而引起皮肤过敏的现象近年来屡有发生，开发从天然植物中提取的天然防晒剂，研究其对紫外线的吸收特性，对抗紫外线辐射损伤、氧化损伤和炎症，防止皮肤癌的发生，这在提高防晒产品的有效性和保证产品安全性方面，较有机合成防晒剂更具优势，但难度也更大。

紫外线吸收剂的使用领域除了在防晒化妆品方面，在聚合物（塑料等）、涂料（汽车喷漆，建筑物涂饰）、印刷油墨、染色/印花纺织品的后处理都有应用。目前较为理想的紫外线吸收剂/光稳定剂多为复配型的，特别是以水杨酸酯类、苯酮类、苯并三唑类、取代丙烯腈类、三嗪类与受阻胺类复配，可取得比任何单独紫外线吸收剂更为理想的效果。

防晒剂的防晒效果用防晒指数（SPF）来衡量，防晒指数越高，防晒效果越好。其测定方法为：用薄层涂布器将调配好的防晒剂试样涂布在石英玻璃上，厚度为 5μm，用紫外分光光度计测定 308nm 波长的吸光度，由此推算 SPF 值。

$$SPF = \frac{试样使皮肤出现最少红斑时必要的紫外线能量}{空白使皮肤出现最少红斑时必要的紫外线能量}$$

防晒剂按照紫外线通过的百分数分为三大类：①全遮盖防晒剂，能允许 1% 的紫外线通过，SPF＞15；②防日光剂，能允许 2%～4% 的紫外线通过，SPF 值为 8～15；③晒黑剂，能允许 15% 的紫外线通过，SPF 值为 4～8。

防晒化妆品除防晒霜外，还有防晒液、防晒油、防晒膏、防晒水等产品。其组成主要为三个部分：①紫外线吸收剂，防晒剂的主剂；②基本组分，如乳化剂、保湿剂、水等，是防晒剂的骨架成分；③辅助组分，如防腐剂、杀菌剂、香精、粉料等，是决定防晒剂质量的重要条件。

三、仪器与试剂

仪器：烧杯（500ml）；温度计（0~100℃）；搅拌器；水浴锅；平板电炉。

试剂：白油（18#）；蜂蜡；地蜡；凡士林；单硬脂酸甘油酯；防晒剂-1789；对氨基苯甲酸薄荷酯；硼砂；防腐剂；抗氧剂；香精。

四、实验步骤

1. 防晒霜配方　见表6-5。

表 6-5　防晒霜配方表

组分	质量/g	组分	质量/g
白油	35.0	地蜡	1.0
蜂蜡	14.0	硼砂	1.0
凡士林	12.5	精制水	23.5
单硬脂酸甘油酯	5.0	防腐剂	适量
防晒剂-1789	4.0	抗氧剂	适量
对氨基苯甲酸薄荷酯	4.0	香精	适量

2. 防晒霜的配制　表格中左边为油相原料，表格右边为水相原料。首先将油相原料混合加热至完全溶解。再将硼砂溶于精制水中，加热至沸腾，然后降温至80℃以上待用。在搅拌下将水相物质徐徐加入油相中，使之完全乳化。继续搅拌，冷却至45℃时加入香精、抗氧剂和防腐剂，冷却至室温时进行研磨脱气，包装。

五、附注与注意事项

1. 紫外线吸收剂的使用量是通过实际防晒试验得出的，加入量不能过多，否则可能会使皮肤产生过敏。

2. 产品的pH应接近中性，若有必要，需进行调节。

3. 降温过程中，黏度逐渐增大，搅拌带入的气泡将不易逸出，因此，黏度增大时，不宜过分搅拌。

六、思考题

1. 紫外线对人体有哪些危害？
2. 防晒化妆品为什么能防晒？
3. 本实验防晒霜配方中，哪些物质是表面活性剂，它是属于哪种类型的表面活性剂？

第二节　表面活性剂在医药和生物技术中的应用

随着人们对医疗保健需求的日益增长，医药和生物技术工业发展迅速，已经成为世界贸易增长最快的产业之一。表面活性剂用于医药和生物技术工业历史悠久，但直到合成表面活性剂的问世，其在医药和生物技术工业中的应用才得到真正的迅猛发展。

表面活性剂通过乳化、润湿和分散等作用，广泛应用于药物提取、合成、分离纯化和剂型改进中,对提高药品性能和质量起到了至关重要的作用。在医药和生物技术工业中,表面活性剂常被用作药物载体、药物的分散乳化剂、增溶剂、润湿剂、稳定剂、释放剂、吸收促进剂,还有一些表面活性剂可以直接用作治疗药物和杀菌消毒剂,其杀菌和消毒作用归结于它们与细菌生物膜蛋白质的强烈相互作用使之变性或失去功能。

表面活性剂在医药和生物技术行业中的应用在安全性方面有着更高的要求,作为医药用表面活性剂必须无毒、无刺激、无副作用且不影响药性。

本节共安排了 3 个实验,介绍表面活性剂在药物合成、药物提取、药物分析等方面的应用。

实验六十八 表面活性剂在对氨基苯甲醛合成中的应用

一、实验目的

1. 熟悉表面活性剂的乳化增溶及相转移催化作用。
2. 掌握表面活性剂在对氨基苯甲醛合成中的应用。

二、实验原理

对氨基苯甲醛(para-amino benzaldehyde,简称 PAB),是一个多功能团的中间体,其氨基可以通过重氮化反应置换成氰基、羟基等特殊化学品,其醛基则能进行 Perkin 反应、Knoevenagel 反应等以延伸碳链。PAB 现行合成路线:

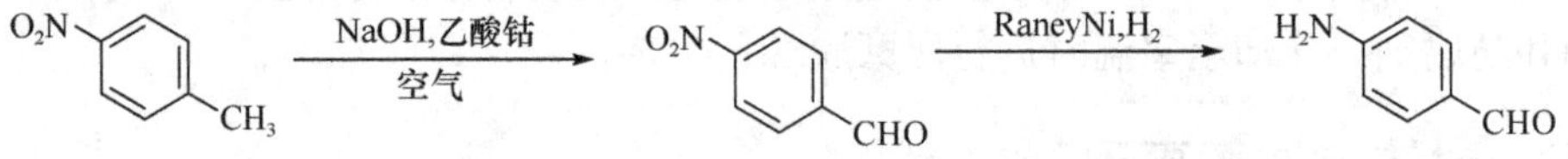

但在活性多硫化钠的碱性体系内,利用硝基的弱氧化性,同样可将对硝基甲苯中的甲基选择性地氧化为醛基,自身还原为氨基,这是近来研究较多的歧化法制取 PAB 的新路线。

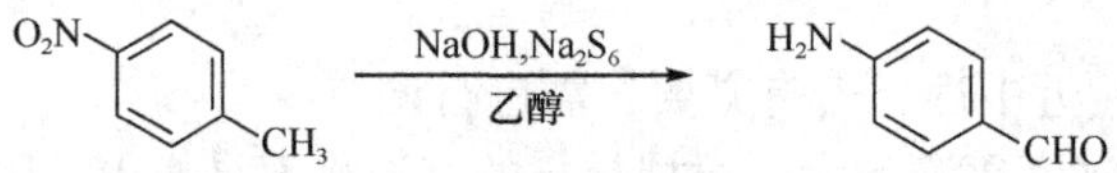

该歧化反应法操作步骤少,反应条件温和,原料便宜,后处理简单且收率较高,确是较理想的路线。但是,由于对硝基甲苯(简称 PNT)不溶于水,在乙醇中的溶解度也不大(38mg/ml95%乙醇,25℃),因此为使反应能在均相中以较快的速度顺利进行,必须以大量的乙醇作溶剂,一般报道的配比 PNT:乙醇=1:10(W/W),乙醇在回收过程中的损耗阻碍了此工艺的实际应用。

本实验选择较常见的表面活性剂,如阳离子型表面活性剂四丁基溴化铵、十六烷基三甲基溴化铵和氯化十六烷基吡啶,这些也是常用的相转移催化剂;非离子表面活性剂如十二烷基硫酸钠;非离子型表面活性剂如 TX-10、司盘-60、吐温-80 等,考察不同表面活性剂在对氨基苯甲醛合成中的应用。

三、仪器与试剂

仪器:平底烧瓶(150ml);磁力搅拌器;回流冷凝管;三口烧瓶(250ml)。
试剂:对硝基甲苯;升华硫;硫化钠(Na$_2$S·9H$_2$O);乙酸乙酯;无水硫酸镁;工业乙

醇；表面活性剂。

四、实验内容

1. 合成步骤　在容量 150ml 的平底烧瓶中加入 6g（0.025mol）$Na_2S·9H_2O$，5.6g（0.14mol）氢氧化钠，3.2g（0.1mol）升华硫和 60ml 去离子水，在磁力搅拌器上搅拌至黄色的硫全部溶解。

在装有回流冷凝管、搅拌器和滴液漏斗的 250ml 容量的三口烧瓶内，加入 10g（0.073mol）对硝基甲苯，60ml 工业酒精和 1% 的表面活性剂，搅拌，在水浴中加热至微沸（80℃）并使其成为均一乳状液，将上述制得的新鲜 Na_2S_6 水溶液在 1.5~2.0h 内滴入，保持搅拌 1~1.5h，取出反应液，回收乙醇，然后进行蒸汽蒸馏，蒸出未反应的对硝基甲苯、副产物对氨基甲苯及剩余乙醇。待馏出液的 pH≈7 时，停止蒸汽蒸馏。冷却后用乙酸乙酯萃取 3 次，萃取液用无水硫酸镁干燥后，蒸去乙酸乙酯，得到金黄色产物对氨基苯甲醛，测量熔点，计算收率。

2. 含量分析　对氨基苯甲醛的纯度分析采用 2，4-二硝基苯肼分析法。

2,4-二硝基苯肼试剂的配制：取 3g 2,4-二硝基苯肼溶于 15ml 浓硫酸中，把所得溶液缓缓加入 70 ml 95% 乙醇和 20ml 水的混合液中，过滤。精确称量对氨基苯甲醛 a g 溶于适量的甲醇或其他能与水互溶的合适有机溶剂中，在磁力搅拌器上搅拌溶解，缓慢加入上述配制的 2,4-二硝基苯肼试剂若干毫升，生成沉淀后抽滤，得 b g。对氨基苯甲醛的纯度计算公式为

$$\frac{b}{a \times (301.15/121.14)} \times 100\% = 0.402\frac{b}{a} \times 100\%$$

式中，苯腙相对分子质量 = 301.15。

对氨基苯甲醛的收率计算分式为

$$\frac{W_2}{10 \times (121.14/137.14)} \times \frac{b}{a \times (301.15/121.14)} = 0.0455 \times \frac{W_2 b}{a} \times 100\%$$

式中，a 为对氨基苯甲醛的称重；b 为苯腙的称重；W_2 为 10g PNT 反应所得对氨基苯甲醛的称重。

五、附注与注意事项

1. 多硫化钠是一个不稳定的溶液，必须当场制备并即刻使用。

2. 吐温系列、司盘系列的表面活性剂并无相转移催化能力，但实验结果反而优于阳离子型表面活性剂，说明在此反应体系中以乳化增溶为特征。非离子型表面活性剂的乳化作用强，相应的得率较高。在实验中，学生可分组考察这些现象及实验结果。

3. 增加表面活性剂的用量并不能相应地提高得率，用量 0.8%~1.2% 为最佳，表面活性剂用量过多增加了后处理蒸汽蒸馏时的难度，泡沫过多，造成溢料而使产率下降。

六、思考题

1. 在此水-乙醇反应体系中，HLB 值的大小对反应有怎样的影响？
2. 说明乳化增溶与相转移催化的区别。

实验六十九   非离子表面活性剂在苦参碱提取中的应用

一、实验目的

1. 熟悉表面活性剂的润湿和增溶作用。
2. 掌握中药活性成分苦参碱提取的原理和方法。

二、实验原理

表面活性剂在中医药领域的应用十分广泛，在中药制剂、中药配伍、中药提取中都有其应用。在中药材的提取中应用表面活性剂，可以降低药材与溶剂之间表面张力，增加药材中细胞渗透性，使溶剂最大限度地溶解或增溶药材中有效成分，能显著增加有效成分的提取率，降低成本，提高经济效益。

作为药物提取助剂，必须对人无毒害作用。各种表面活性剂的毒性差别很大。阴离子和阳离子表面活性剂的毒性较强，其溶血作用远大于非离子表面活性剂，使用受限。因此，在中草药提取时乳化剂常选用毒性极小且不与药物分子作用的非离子表面活性剂。本实验优选毒性相对较小、对皮肤刺激性较低的非离子型表面活性剂吐温-80 和吐温-20。吐温类表面活性剂对热稳定，在水和乙醇中易溶，低浓度时即可形成胶束，并且其增溶作用不受溶液的 pH 影响。

苦参药材中的主要有效成分是苦参碱，苦参碱具有消肿、利尿和抗肿瘤的功效，为一类含氮的碱性有机化合物，存在于自然界植物组织细胞中，分子中具有氮的杂环结构。

三、仪器与试剂

仪器：高效液相色谱仪；振荡器；药材粉碎机；电热套。
试剂：吐温-20；吐温-80；乙醇；苦参药材；纯化水。

四、实验内容

提取方法采用浸润+机械振荡法。

苦参药材经粉碎过一号药典筛，每次用苦参药材粉 12g，加入到 260ml 溶剂中，密闭于 500ml 瓶中。提取前浸润 24h。提取时间 2h，每分钟振荡 200 次。提取后静置，倾出澄清液，再低温浓缩成 12g 的清膏。

将 0.2%的吐温-80 或吐温-20 加入到 70%的乙醇或水中作提取溶剂，完成系列实验。

实验 1：提取液为纯水；实验 2：提取液为 70%的乙醇；实验 3：提取液为 0.2%的吐温-20+纯水；实验 4：提取液为 0.2%的吐温-80+纯水；实验 5：提取液为 0.2%的吐温-20+70%乙醇；实验 6：提取液为 0.2%的吐温-80+70%乙醇。

采用高效液相色谱测量提取物中苦参碱含量。色谱条件：以氨基硅烷键合硅胶为填充剂；以乙腈：磷酸水溶液（pH2.0）：无水乙醇（80：10：8）为流动相；检测波长为220nm。比较各种提取液条件对提取物中苦参碱的含量和苦参碱提出率的影响。

苦参碱提出率计算公式：

苦参碱提出率%＝高效液相色谱仪测得苦参碱含量/理论苦参碱含量×100%

五、附注与注意事项

施以机械振荡外力，能显著增加苦参碱的提出率，缩短提取时间。

六、思考题

1. 提取实验前浸润和不浸润，对提取过程和结果有何影响？
2. 比较吐温-80 的吐温-20 和两种表面活性剂在 70%乙醇中和水中的提取效果。

实验七十　微乳薄层色谱法鉴别黄蜀葵花药材黄酮类成分

一、实验目的

1. 了解微乳薄层色谱法分析中药成分的方法及其优势。
2. 掌握微乳液的组成和配制方法及配制时表面活性剂的选用。

二、实验原理

微乳薄层色谱（microemulsion thin layer chromatography，METLC）是对传统薄层色谱方法的提高和改进。经典 TLC 法每种展开剂一般只能分离鉴定一种成分，且需进行复杂的前处理。而微乳液具有增溶、增敏的特点，作为展开剂可同时对不同极性、不同带电的成分进行分离，尤其对差别细微成分的分离具有独特的优势。

微乳是由表面活性剂、助表面活性剂、油和水按适当比例自发形成的无色透明、各向同性、低黏度的热力学稳定体系。微乳体系具有更大的增溶量和超低界面张力，更有利于提高色谱的分离效率。微乳液作为展开剂，对待测成分具有独特的选择性和富集作用，可同时分离亲水物质、疏水物质、带电成分、非带电成分等。由于分配、吸附、静电、疏水、立体等可能的效应，供试品各组分在微乳液中展开时迁移速度不同，使结构和性质差别细微的复杂组分得以较理想的分离。

在微乳薄层色谱中，展开剂为极性很大的微乳水溶液。随着展开距离的增大，会出现两个"溶剂前沿"：第一溶剂前沿是水、盐等组成的溶剂前沿，第二溶剂前沿是含表面活性剂微乳的前沿。亲水性物质多数迁移较快，集中在第一溶剂前沿和第二溶剂前沿之间；中药成分多为疏水性物质，集中在原点和第二溶剂前沿之间进行分离。

微乳液中常用的表面活性剂为：阴离子表面活性剂，如十二烷基硫酸钠（SDS）、十六烷基磺酸钠（AS）；阳离子表面活性剂，如十六烷基三甲基溴化铵（CATB）、氯化十六烷基吡啶（CPC）、双十八烷基二甲基氯化铵（DOD-MAC）；两性表面活性剂，如十二烷基甜菜碱（C12BE）；非离子型表面活性剂，如聚氧乙烯月桂醚（Brij-35）。助表面活性剂通常为 $C_4 \sim C_8$ 的一元醇，如正丁醇、正丙醇、异丙醇、异戊醇、正戊醇等。油相通常为正己烷、环己烷、正庚烷、正辛烷、正辛醇等。

在配制微乳液时，各个相之间的组成和比例对微乳液的稳定性、结构和展开效果影响较大。在合适的条件下，筛选表面活性剂、油和助表面活性剂及其配比能够实现以较低的表面活性剂的用量形成微乳。一般微乳形成的区域大小与表面活性剂和助表面活性剂的总量成正比，与油的用量成反比，与助表面活性剂的用量成反比。

三、仪器与试剂

仪器：凝胶成像分析仪；聚酰胺薄膜；点样毛细管；层析玻璃缸；超声波发生器；三用紫外仪。

试剂：金丝桃苷对照品；黄蜀葵花；十二烷基硫酸钠（SDS）；甲醇；正丁醇；正庚烷；纯水；甲酸；乙酸；丙酮；氯化铝。

四、实验内容

1. **对照品溶液的配制**   精密称取金丝桃苷对照品，加甲醇溶解制成 0.1mg/ml 的金丝桃苷对照品溶液。

2. **供试品溶液的配制**   将黄蜀葵花药材适当粉碎，取适量（约 0.5g），加 15ml 甲醇于锥形瓶中超声处理 30min，过滤，取续滤液作为供试品溶液。

3. **微乳液体系的配制**   在保证 SDS-正丁醇-正庚烷质量比为 27∶63∶10 的条件下，配制三种不同含水量的微乳液（50%、75%、90%）。按上述质量比取 SDS、正丁醇、正庚烷，加入适量水超声 5min，静置 24h 即可。

4. **薄层层析**   用点样毛细管吸取对照品溶液、供试品溶液各 1~2μl，于聚酰胺薄膜上点样，分别以上述各微乳液为展开剂，或以 50%乙酸、丙酮-水-甲酸（2∶2∶0.5）、含水 75%微乳液-甲酸（9∶1）为展开剂于室温下展开。展距约 8cm，取出晾干，均匀喷洒 1% 氯化铝乙醇溶液，晾干后，置 365nm 紫外灯下检识，比较层析结果。

五、附注与注意事项

实验中配制的微乳液，在室温条件下可稳定 1 个月以上；加酸调节后的微乳液展开剂，配制当天呈无色透明状，但放置过夜后变混浊，摇晃仍无法使其恢复透明状。故配制微乳展开剂时，需临时加入甲酸，即酸调后的微乳液展开剂不要长时间放置，以免影响展开效果。

六、思考题

1. 微乳液中加入甲酸的目的是什么？
2. 薄层色谱显色的方式有哪些？

第三节   表面活性剂在环境保护中的应用

现代工业的迅速发展极大地促进了社会经济的发展，提高了人们的生活质量，但与此同时也给环境带来了严重的污染。污染物通过各种途径进入水体、大气和土壤，其中涉及许多界面问题，如土壤和植物界面、水体和沉积物界面、大气和土壤界面等。

表面活性剂由于具有特殊的界面性质，在环境污染治理中的应用越来越广泛。表面活性剂在环境保护中的应用可以分为以下三个方面：一是作为主要药剂用于某一处理过程，如混凝、浮选、乳化分散、除尘等；二是作为辅助药剂以改进某一处理过程，或增进分析方法的灵敏度；三是用以代替某些对环境污染较严重的化学品以减少污染。因此，表面活性剂在废水处理技术、气体脱硫除尘技术和污染土壤修复技术等诸多与环保相关的领域中都有应用。

本节共安排了 3 个实验，介绍表面活性剂在废纸脱墨剂、微乳燃料和柴油污染土壤洗涤中的应用。

实验七十一　废纸脱墨剂的制备及应用

一、实验目的

1. 了解浮选法废纸脱墨的方法。
2. 熟悉脱墨后纸白度的测定方法。
3. 掌握废纸脱墨剂的配方组成和制备方法。

二、实验原理

所谓脱墨，是以废纸中脱除印刷油墨为主，同时也可除去纤维上的色料、污物及附着物等，从而实现废纸的再生利用。脱墨的方法有洗涤法和浮选法。洗涤法脱墨剂需具有突出的分散功能，方便能使油墨易于分散形成胶体而脱除，因此要加入浮选剂和螯合剂；浮选法脱墨剂需具有适度起泡功能和油墨捕集功能，因此要加入分散剂。根据不同方法可选择不同的脱墨剂。脱墨剂一般是根据脱墨方法的要求选择具有润湿、渗透、分散、乳化、发泡、洗涤等性能的表面活性剂按一定比例配制而成的。

脱墨剂基本组成为四个方面：

1. 表面活性剂　具有渗透、乳化分散、洗净作用，浮选时还具有起泡性。常用的脱墨剂表面活性剂有阴离子型和非离子型两种。其中阴离子表面活性剂有高级脂肪酸皂、烷基硫酸酯盐、烷基磺酸盐、烷基磷酸酯盐、油酸钠盐和硫醇苯磺酸钠等。非离子型表面活性剂主要有聚氧乙烯烷基醚、聚氧乙烯烷基苯醚、聚氧乙烯聚氧丙烯醚和聚氧乙烯烷基酯聚氧乙烯多元醇脂肪酸酯等。在实际应用中大多数以阴离子型与非离子型合用。

2. 漂白剂　提高脱墨后浆料白度，诸如双氧水等氧化剂，相关的双氧水稳定剂、双氧水低温催化剂等。

3. 碱类　起皂化、洗净作用，如片碱、水玻璃等。

4. 硅酸钠　起缓冲、洗涤、分散等作用，亦有稳定双氧水的作用。

三、仪器与试剂

仪器：碎浆机；浮选器；抄纸机；洗盆；白度仪。

试剂：十二烷基苯磺酸；吐温-60、硬脂酸聚氧乙烯酯；硅酸钠；二乙醇胺；氢氧化钠；EDTA；过氧化氢。

四、实验步骤

（1）将废报纸剪成 2.5cm×8cm 大小的废纸片备用。

图6-3　白度仪

（2）量取 200ml 水于碎浆机中，加热至 60℃，搅拌下加入 3ml 5%的氢氧化钠溶液，依次加入 0.15g 十二烷基苯磺酸、3.8ml 10%硅酸钠、1.5ml 3%EDTA、0.23g 吐温-60、2.5ml 二乙醇胺、0.2 ml 30%过氧化氢，搅拌 2min。

（3）在上述溶液中加入 15g 碎报纸片，再加入 75ml 水，60℃下碎解 60min，熟化 20min，熟化后倒入洗盆中，每次加 500ml 水洗三次。

（4）洗后的纸浆加入 1500ml 水搅拌均匀，用抄纸机抄纸，压片后放入烘干机烘干。

（5）用白度仪（图 6-3）测每一样张的白度，取其平均值。

（6）浮选法用脱墨剂的配方见表 6-6（按废纸质量分数计）。

表 6-6　浮选法用脱墨剂的配方

组分	配比	组分	配比
硅酸钠	5	30%过氧化氢	2
氢氧化钠	1.5	硬脂酸聚氧乙烯酯	1

浮选法脱墨和洗涤法脱墨操作步骤基本相同，只是在洗涤前将熟化好的纸浆倒入浮选器进行浮选后再洗涤和抄纸。

五、思考题

1. 浮选法脱墨和洗涤法脱墨的区别是什么？
2. 脱墨剂配方中各组分的作用是什么？

实验七十二　甲醇-柴油-水微乳燃料的制备

一、实验目的

1. 了解新能源产品的基本知识。
2. 熟悉乳状液和微乳液在制备和成品特点上的区别和联系。
3. 掌握微型乳剂的制备原理和方法。

二、实验原理

随着矿物能源储量的日益减少，以及燃烧所带来环境污染日益加重，开发无害、可再生能源已成为研究热点。甲醇来源广泛，价格低廉，可作为替代燃料。然而甲醇与柴油不互溶，当二者分层时，柴油机就会出现不均匀供油状况而影响工作。同时，甲醇也不能单独使用在柴油机上。

　　燃油掺水是一个既古老又新兴的课题，早在一百多年前就有人使用掺水燃油。某些汽车制造厂商也已经研究开发出发动机水喷射系统，该系统具有燃烧更充分、油耗更小、排放更环保等优势。由于油、水在表面活性剂作用下形成的 W/O 或 O/W 乳液在加热燃烧时水蒸气受热膨胀能够产为微爆，再加上水煤气的化学反应使得燃油二次雾化燃烧更加充分，降低了废气中的有害气体含量。但是由于一般的乳状液稳定时间短，易分层，使得这一技术的应用受到了限制。例如，甲醇-柴油混合燃料是由甲醇-柴油-水组成的乳化燃料，其性能和稳定性都能够达到使用要求，但由于该混合燃料是不透明的乳状液，给使用带来很大的不便。

　　微型乳剂简称微乳，是由水、油、表面活性剂和助表面活性剂按适当比例混合，自发形成的各向同性、透明、热力学稳定的分散体系。它已广泛应用于日用化工、新能源、三次采油、酶催化等方面。微乳除了具有乳剂的一般特性之外，还具有粒径小、透明、稳定等特殊优点。

　　本实验用微乳化方法将甲醇-柴油-水制成透明的微乳液，其制备原理为：水和甲醇能无限混溶，该溶液作为分散相，柴油作为连续相，在乳化剂及辅助乳化剂的作用下，形成稳定而透明的 W/O 型甲醇-柴油-水微乳燃料。该燃料长期放置不破乳，不分层，且能降低污染，提高燃烧效率。

三、仪器与试剂

　　仪器：电子天平；控温磁力搅拌器；离心机。

　　试剂：聚氧乙烯失水山梨醇单棕榈酸酯（吐温-40）；山梨醇酐单油酸酯（司盘-80）；甲醇；市售 0# 柴油；正戊醇。

四、实验内容

　　1. 甲醇-柴油微乳燃料的制备　甲醇-柴油微乳燃料的制备工艺过程如下：

（1）甲醇+水→混合+柴油→再混合

（2）复合乳化剂+辅助乳化剂→混合

（1）+（2）→乳化→甲醇-柴油微乳燃料

复合乳剂的配比为：司盘-80∶吐温-40＝7∶3，乳化剂用量为油质量的 5%。

辅助乳化剂为正戊醇，用量为油体积的 2%。

　　按照以上制备工艺过程，配方为：甲醇∶柴油∶水＝85∶10∶5（质量比），在机械搅拌条件下乳化，制成 W/O 型微乳燃料。

　　2. 稳定性测试　抗高温与低温性能，在室温下分别取澄清透明的柴油微乳液分别放入水浴（80±5）℃和冰水浴（5±3）℃中观察，溶液是否仍为透明的单一相。

　　抗水性能：乳化柴油加入自来水静止 5min 后观察，油水界面是否出现了乳化现象。

　　微乳液稳定性测试：将试样放入 3000r/min 的离心机中，旋转 30min 后取出观察微乳液外观。

五、思考题

1. 比较乳状液和微乳液在制备和成品特点上的区别和联系。
2. 微型乳剂的制备原理是什么？

3. 解释燃烧机油中的物理现象"微爆现象"及化学作用"水煤气反应"。

实验七十三　表面活性剂在柴油污染土壤洗涤中的应用

一、实验目的

1. 了解表面活性剂在污染土壤洗涤中的作用。
2. 掌握污染土壤洗涤技术的方法及原理。

二、实验原理

柴油等燃料油在运输、存储、分销系统中或在原油炼油的工业活动中，因意外泄漏对土壤造成不同程度的污染。柴油的黏性较大、疏水性强，进入土壤后会堵塞土壤孔隙影响土壤通透性，且毒害植物的根部，阻碍植物的生长甚至导致死亡，同时在与环境进行物质、能量交换过程中，使地下水和大气的质量均受到不良影响。土壤洗涤（soil-washing）技术是将污染土壤经过预处理后与洗涤液在反应器中混合，在一定条件下，借助搅拌等外力的辅助，使污染土壤和洗涤液发生作用，待土壤中大部分污染物转移至液相后，进行固液分离。洗涤后的土壤回填，洗涤液经处理后排放或回用。该技术因修复效果显著得到了广泛应用。

表面活性剂可降低油类物质与土壤颗粒接触处的界面张力，使油类物质从土壤表面卷离，这一作用在低于临界胶束浓度时就能发生；当浓度达到或大于临界胶束浓度时，表面活性剂在溶液中形成胶束，对难溶的柴油物质发生增溶作用，使柴油从土壤上解吸下来分配到水相中，增大柴油的去除率。阴离子表面活性剂与土壤颗粒同呈负电性，在混合液中不易被吸附到土壤颗粒上，使得溶液中表面活性剂剂量变化小，增加颗粒的分散性，增溶作用较好；非离子表面活性剂易与土壤颗粒表面形成氢键而发生吸附作用，甚至深入颗粒内部，使液体中表面活性剂浓度减小，减弱了非离子表面活性剂的去污效果。

本实验选取常见而易得的4种表面活性剂SDS、LAS、TX-100和Tween-80洗涤柴油污染土壤，探讨表面活性剂洗涤效果的影响。洗涤过程中，液固比过小不利于搅拌，表面活性剂与土壤形成泥状物质，使颗粒难以与液相充分接触，油类物质很难从固相转移至液相胶束内部，造成洗涤效率低下。液固比增大，颗粒接触液相面积增加，增溶效果就好，土壤中油类物质残留量减少。然而，过大的液固比洗涤所产生的废液量越多，除了增加后续处理费用，也增加了表面活性剂的消耗量。一般来说，液固比在8∶1～20∶1之间较合适。

三、仪器与试剂

仪器：高速冷冻离心机；超声波清洗器；紫外-可见分光光度计；集热式恒温加热磁力搅拌器；电子天平；pH计；真空干燥箱；100ml容量瓶。

试剂：十二烷基硫酸钠（SDS）；十二烷基苯磺酸钠（LAS）；辛基酚聚氧乙烯醚（TX-100）；聚氧乙烯失水山梨醇单油酸酯（吐温-80）；0#柴油；石油醚（60～90℃）；丙酮；无水乙醇；单宁酸；浓硫酸。

四、实验步骤

1. 污染土壤的制备　采集距离地表 0.5～20cm 的未污染土壤，经室内自然风干、去除枯叶和碎石等杂质、破碎研磨，过 20 目（0.85mm）筛后备用。

采用均匀混合的方法制备初始含油量为 10% 的污染土样，即称取 0#柴油 20g，溶解于 250ml 丙酮溶液后，边搅拌边加入到 200g 清洁土壤中，常温避光条件下自然风干老化，每日搅拌 2 次，待丙酮挥发完全后继续自然老化 10d 后密封储存备用。

2. 标准曲线方程的确定　称取一定量的柴油，溶于石油醚溶液中，移入 100ml 容量瓶，定容。取适量注入石英比色皿中，在分光光度计上于 190～400nm 内扫描，测得样品的最大吸收波长（参考值 225nm）。然后取干净的 25ml 比色管 6 支，依次加入含柴油（mg）0.2、0.5、1.0、1.2、1.5、2.0 的柴油标准溶液，分别用石油醚稀释至刻度、摇匀，以石油醚为参比液，在最大吸收波长测定其吸光度值，得到柴油标准溶液的标准曲线方程。

3. 污染土壤的洗涤与去除率测定　准确称取 2g 污染土样和一定浓度的表面活性剂溶液（SDS 3g/L，LAS 4g /L，TX-100 0.8g/L，Tween-80 0.06g/L），在 200r/min 下搅拌 30min。固液比为 1:20。搅拌结束后在转速 7000r/min 下离心 10min，准确量取上清液 20ml 测定柴油质量浓度。

采用石油醚超声萃取-紫外分光光度法测定洗涤废液中柴油的质量浓度。测定条件为：用石油醚超声萃取 2 次，每次加入 20ml 石油醚，超声功率 100W，频率 40kHz，超声萃取时间 15min，合并 2 次萃取液，以石油醚为参比用 25ml 比色管，在波长 225nm 下测定溶液吸光度。每个实验均设 2 组平行样，最后的数值取算术平均值。再根据标准曲线方程，算出质量浓度。最后计算四种表面活性剂在实验条件下对柴油污染土壤洗涤的去除率。

柴油去除率的计算公式为

$$去除率 = \frac{洗涤液萃取后的质量浓度(mg/ml) \times 40ml}{200mg} \times 100\%$$

五、附注与注意事项

洗涤废液是水、油、微量土壤悬浮细颗粒及表面活性剂的混合体系，在石油醚萃取过程中会出现乳化现象，干扰测定，因此，对于含有阴离子表面活性剂的洗脱液，加入 10ml 50% 的 H_2SO_4 破乳，若有泡沫则加入几滴乙醇消除；对于含有非离子表面活性剂的洗脱液，加入约 0.1g 单宁酸破乳并生成絮状沉淀，静置 30min 后进行测定。

六、思考题

1. 四种表面活性剂中，那种表面活性剂的柴油去除率最好？
2. 为了提高洗涤效果，还可以采用哪些方法？

第四节　表面活性剂在现代农业中的应用

在现代农业生产过程中已普遍使用表面活性剂，以提高农业技术水平和粮油作物、瓜果蔬菜的产量和质量。表面活性剂在农业生产过程中主要用于农药、植物生产调节剂、肥料、果蔬保鲜、农用薄膜等方面。

表面活性剂具有乳化、分散、润湿和渗透等作用，在植物的叶面肥中加入表面活性剂，可以使叶面肥易于在植物的叶面上铺展，使得微量元素能够均匀地分散到植物叶面的各处，并有助于微量元素渗入植物叶片内部，便于植物吸收，从而达到增收的目的。

表面活性剂还是农药制剂的重要组分。它对于优化制剂的物理性能和化学稳定性、增加制剂品种和扩大应用范围，起着关键性的作用。在农药的喷施过程中，药液中的表面活性剂所具有的表面效应，使得喷雾液滴能够均匀附着于植物和昆虫的表面，通过润湿、铺展和渗透作用，能显著提高农药对植物病菌和害虫的杀灭效果。

本节共安排了 2 个实验，介绍表面活性剂在草甘膦混悬剂和叶面肥中的应用。

实验七十四　草甘膦混悬剂的制备

一、实验目的

1. 了解农药制备的基本知识。
2. 熟悉混悬剂制备设备和操作技术。
3. 掌握混悬剂的配方组成和表面活性剂在其中的作用。

二、实验原理

混悬液制剂简称混悬剂或悬浮剂，是指难溶性固体以微粒状态分散于介质中形成的非均匀的液体制剂。混悬剂中的固体微粒直径一般为 $0.5 \sim 10 \mu m$，属于热力学不稳定的粗分散体系，所用分散介质大多为水。

制备混悬剂时，应使混悬微粒有适当的分散度，并应尽可能分散均匀，以减少微粒的沉降速度，使混悬剂处于稳定状态。要制备一个好的混悬剂，除必须保证粒度合格外，润湿剂、助悬剂和增黏剂的合理配伍最为关键。在实际配制中，根据需要尽量选用兼有多种用途的助剂，而使配方组分简单化，同时也减少互相影响的因素。例如，聚乙烯醇、膨润土、甘油等就兼备润湿、分散、增黏、防冻等多种功能。

混悬剂的制备方法分为分散法和凝聚法，分散法是将粗颗粒的药物粉碎成符合混悬剂微粒要求的分散程度，再分散于分散介质中制成的；凝聚法是通过物理或化学的方法使分子或离子状的药物凝聚成不溶性的药物微粒。草甘膦是一种内吸传导型光谱灭生性除草剂，可有效防除一年生或多年生、单子叶或双子叶、草本或灌木等 40 多科杂草。

本实验以油酸甲酯为分散介质，用蓖麻油聚氧乙醚作乳化剂，用木质素磺酸钠作分散剂，用膨润土和硅酸镁铝组合作黏度调节剂，用分散法制备 20%草甘膦油混悬剂。

三、试剂与仪器

仪器：砂磨机；胶体磨；粒度分布测定仪。

试剂：草甘膦原药；蓖麻油聚氧乙醚（BY-125）；木质素磺酸钠；有机膨润土；硅酸镁铝；油酸甲酯。

四、实验内容

1. **配方**　草甘膦 20%，蓖麻油聚氧乙醚（BY-125）5%，木质素磺酸钠 3%，有机膨润土 0.5%，硅酸镁铝 1.5%，油酸甲酯补足 100%。

2. **制备**　按配方将分散介质和各种助剂混合均匀，然后加入原药草甘膦、黏度调节剂等，经胶体磨预混合，将物料中的大颗粒打碎，使其最大粒径小于研磨介质（珠子）的直径。将混合好的物料通过砂磨机进行研磨，用粒度分布测定仪检测粒度分布范围，直至粒径合格（$D_{90} \leqslant 3.0 \mu m$）。

放置 1 周后观察所制备的 20%草甘膦油混悬剂外观应为可流动、黏稠状液体，储存过程中有时会有少许分层，但置于室温下经摇动能恢复原状，无结底现象。

五、思考题

混悬剂制备的关键是配方组成和所用设备的性能，试分析本实验的配方中各组分的作用。

实验七十五　多养分复合叶面肥的制备与性能

一、实验目的

1. 了解螯合的相关概念。
2. 掌握表面活性剂在叶面肥中的应用。

二、实验原理

在作物生长期间，通过茎叶（尤其是叶片）吸收养分的现象就是作物的根外营养。向作物根系以外的营养体表面直接施用肥料的技术称为根外施肥，即一般所说的叶面施肥。叶面施肥有许多显著的特点：①针对性强。根据作物叶片缺素特征，可及时喷施缺少的元素而改善症状。②养分吸收快，肥效好。③补充根部对养分吸收的不足。通过叶面施肥可以起到壮苗和减少秕粒、增加产量的作用。④避免养分固定。叶面喷施可避免固定而提高肥效和肥料利用率。⑤用量少，省肥，减少成本。⑥易于控制浓度。⑦减少环境污染。叶面喷施微肥，浓度低，数量少，不会造成土壤污染。⑧喷施方法简便。由此可见叶面施肥具有经济、高效、安全和无污染的特点。

营养元素含量较多的叶面肥由于元素之间的拮抗作用，元素利用率不高，效果不够稳定。由于磷酸根和腐植酸均不能与二价阳离子微肥（锌、锰、铁、铜等）稳定地共存于同一种溶液中，会和金属离子形成沉淀。部分化学反应为

$$3Zn^{2+} + 4HPO_4^{2-} \longrightarrow Zn_3(PO_4)_2 \downarrow + 2H_2PO_4^-$$

$$3Mn^{2+} + 4HPO_4^{2-} \longrightarrow Mn_3(PO_4)_2 \downarrow + 2H_2PO_4^-$$

这样就会使得微量营养元素形成难溶物而不能被植物体吸收，从而使得微量营养元素的利用率降低，甚至失效。

螯合剂能与多价金属离子结合形成可溶性金属络合物，若几种元素同时使用，元素之间又有拮抗缺点，可以将叶面肥制作成有机络合态或螯合态，解决叶面肥研究中的关键问题——营养元素的共存问题。目前应用最广的是 EDTA，它能通过两个 N 原子、四个 O 原子共六个配位原子与金属离子结合，形成很稳定的具有五个五原子环的螯合物。

表面活性剂应用于叶面肥中，可以改善喷施液的表面活性，有利于叶面肥在作物叶面上的润湿、黏附与渗透，增加作物叶片对养分的吸收率。表面活性剂的类型对叶面肥的稳定性也会产生一定影响，同种类的表面活性剂性能有很大不同。阴、阳离子型表面活性剂由于受溶液 pH、无机盐类等因素的影响较大，对无机养分的助吸效果尤其是在高浓度无机

养分类叶面肥的配制中受到很大限制。非离子型表面活性剂在营养液中稳定性高,不受无机盐类以及 pH 的影响,一般无毒,与其他表面活性剂相溶性好。非离子型表面活性剂还有很好的抗硬水能力,因此,在叶面施肥中得到应用。

三、仪器与试剂

仪器:电热套;真空泵;干燥箱;氨基酸自动分析仪;电热恒温水浴锅;电动搅拌器;电子天平。

试剂:无水氯化钙;七水硫酸镁;七水硫酸亚铁;一水硫酸锰;五水硫酸铜;七水硫酸锌;硝酸镧;六水硝酸铈;乙二胺四乙酸二钠;柠檬酸;复合氨基酸;硼酸;钼酸铵;尿素;磷酸二氢钾;腐植酸钾;吐温-80;三乙醇胺;十二烷基苯磺酸钠;十二烷基硫酸钠;硫酸;氢氧化钾。

四、实验步骤

1. **配方**　多养分复合叶面肥基本配方见表 6-7。

表 6-7　养分源配方表

原料	质量/g	原料	质量/g
无水氯化钙	3.0	七水硫酸镁	2.0
七水硫酸亚铁	4.0	一水硫酸锰	1.1
五水硫酸铜	0.7	七水硫酸锌	1.7
硝酸镧	0.3	六水硝酸铈	0.4
乙二胺四乙酸二钠	16.1	柠檬酸	14.7
复合氨基酸	12.4	硼酸	1.5
钼酸铵	1.1	尿素	5.0
磷酸二氢钾	2.0	腐植酸钾	1.0
吐温-80	1.0	三乙醇胺	1.0
十二烷基苯磺酸钠	1.0	十二烷基硫酸钠	1.0

2. **制备流程**

(1)按配方称取氯化钙、硫酸镁、硫酸亚铁、硫酸锰、硫酸铜、硫酸锌、硝酸镧、硝酸铈,依次加入 500ml 水中搅拌溶解,用硫酸溶液调 pH 使溶液澄清透明,此溶液称之为营养液。

(2)按配方称取 EDTA、柠檬酸、复合氨基酸,加入 500ml 水中搅拌溶解,此溶液称为螯合剂溶液。

(3)将营养液与螯合剂溶液混合,调至 pH=5.5,然后在 70℃下搅拌 0.5h,进行螯合反应。

(4)按配方称取硼酸、钼酸铵、尿素、磷酸二氢钾、腐植酸钾、复合氨基酸、表面活性剂,加入螯合反应后的溶液中,搅拌均匀后调至 pH=5.5,得到产品。

3. **性能检测**

(1)复合氨基酸含量:由氨基酸自动分析仪检测。

(2)水不溶物含量:按照"化学试剂、水不溶物测定通用方法 GB/T9738"的要求进行。

（3）营养物质的含量：通过加入量换算。

（4）pH：用广泛 pH 试纸检测。

五、附注与注意事项

本试验条件下制备的叶面肥中加入十二烷基硫酸钠或十二烷基苯磺酸钠时，溶液会很快产生沉淀，换用吐温-80 或三乙醇胺后，溶液稳定时间较长。说明了表面活性剂的类型对叶面肥的稳定性会产生较大影响。

六、思考题

叶面施肥比根部施肥有什么优缺点？

第五节　表面活性剂在食品行业中的应用

表面活性剂作为食品添加剂和加工助剂，广泛应用于各类食品生产，对提高食品质量、开发食品新品种、改进生产工艺、延长食品储藏保鲜期、提高生产效率等有显著效果。表面活性剂在食品体系中除具有乳化、润湿、消泡、增溶、分散等作用外，还能与脂类、蛋白质、碳水化合物等食品主要成分发生相互作用而具有特殊的功效。

表面活性剂在食品工业中主要是用作乳化剂、增稠剂、消泡剂、起泡剂、糖助剂、润滑抗黏剂、清洗剂、水果剥皮剂、涂膜保鲜剂等。食品工业用表面活性剂按照来源不同分为从天然物质提取的、化学合成的、或是天然物经化学处理而成的半合成品。例如，从大豆中提取的大豆磷脂约占食品乳化剂消费总量的 20%。化学合成的表面活性剂中，脂肪酸甘油酯约占食品乳化剂消费总量的 50%以上，另外，蔗糖脂肪酸酯和失水山梨醇酸酯也占有较大的比例。

本节共安排了 2 个实验。

实验七十六　人造肥牛脂肪乳状液的制备

一、实验目的

1. 了解食品添加剂的基本知识。

2. 掌握 W/O 型乳状液的制备原理和方法。

二、实验原理

乳状液是指一种或一种以上的液体以小液滴的形式分散在另一种与之不相混溶的液体连续相中所构成的一种不均匀乳状液分散体系的液体剂型。前者一般称为分散相，后者称为分散介质。分散相的直径一般超过 $0.1\mu m$，多半在 $0.25\sim25\mu m$ 范围内。主要由大液滴组成的乳剂称为粗乳；平均直径小于 $5\mu m$ 的称为细乳。在特殊情况下，可形成分散相小到几十纳米的乳剂，往往称为微型乳剂。微型乳剂可呈透明状，故也称透明乳剂。

在工业生产和科学研究中，不同的混合方式或分散手段常直接影响乳状液的稳定性甚至类型。常见的混合方式有：机械混合搅拌、用胶体磨混合、用超声波乳化器混合、用均化器混合。

根据乳化剂加入的不同，乳状液的乳化方法一般可分为以下几种：

1. 水相加到含乳化剂的油相中   此法是将乳化剂胶粉与油混合，故又称干胶法。

2. 油相加到含乳化剂的水相中   因将胶先与水溶解形成胶体水溶液，此种乳化方法又称湿胶法。制备时将油（内相）逐渐加到含乳化剂的水溶液（外相）中。由于水是过量存在故有利于形成 O/W 型乳剂。

3. 乳化剂分别溶解的方法   这种方法是将水溶性乳化剂溶于水中，油溶性乳化剂溶于油中，再把水相加入油相中，开始形成 W/O 型乳化体，当加入多量的水后，黏度突然下降，转相变型为 O/W 型乳化体。如果做成 W/O 型乳化体，先将油相加入水相生成 O/W 型乳化体，再经转相生成 W/O 型乳化体。

4. 交替加液法   交替加液法是将水和油分次少量地交替加入乳化剂中。

5. 新生皂法   新生皂法是将植物油（一般含有少量的游离脂肪酸，也可将脂肪酸溶于不含游离脂肪酸的油相中）与含有碱（如氢氧化钠、氢氧化钙等）的水相，分别加热至一定温度后，混合搅拌，生成的新生皂乳化剂随即乳化而得到稳定的乳剂。

本实验制备的人造肥牛脂肪以大豆油为主要原料，在油相和水相中分别加入卵磷脂、单甘酯、司盘-80 及乳清浓缩蛋白等乳化剂，经过保温乳化等工序制备成一种白色或乳白色黏稠状 W/O 型食品乳状液。

三、仪器与试剂

仪器：乳化机；恒温水浴锅；离心沉淀器；电子天平；冰箱。

试剂：大豆油；牛油；单甘酯（MG）；卵磷脂（LC）；司盘-80，乳清粉。

四、实验步骤

1. 人造肥牛脂肪的制备

（1）牛油 19g+大豆油 50g+卵磷脂 0.5g+单甘酯 0.43g+司盘-80 0.11g→混合→搅拌→保温（60℃左右）。

（2）双蒸水 30g+乳清粉 0.41g→混合→保温（60℃左右）。

注射混合（1）和（2）→保温搅拌（10min）→静置→乳化→冷却→冷藏熟化（4～7℃）→成品。

将油溶性乳化剂加入油脂中，水溶性成分加入水中，分别混匀，置于 60℃水溶液中保温溶解，保温过程中应不断搅拌，以免局部受热，保温至油相透亮，将油温降温 3～5℃后，用注射器以细流方式把水相加入油相，注射速度为 5ml/min。此过程需同时搅拌10min，然后静置 2min，此过程应水相与油相温度保持一致，否则影响乳状液的形成。将混合溶液高速搅拌乳化（19 000r/min，10min），乳化过程中可适当用冷水冷却乳状液，以免乳状液温度过高，引起蛋白质变性。乳化结束后立即将乳状液置于冰水中，搅拌乳状液使其急速冷却，10min 内降温至 7～10℃，最后将乳状液冷藏（4～7℃）熟化，即得成品。

2. 乳状液稳定性的测定

采用离心法测定。离心管称量（m_1），将配制好的人造肥牛脂肪取部分于离心管中并称量（m_2），然后在离心沉淀器中以 3000r/min 离心 2min，离心后立即将液态油倾出，测定液态油质量（m_3）。乳化稳定性（ES）按照下式计算：

$$ES = \left(1 - \frac{m_3}{m_2 - m_1}\right) \times 100\%$$

五、附注与注意事项

1. 在制备过程中，冷却的目的是使油相中的高熔点组分形成适宜的结晶以固定低熔点组分。对于乳状液来说，冷却速率可用来调节晶型，将乳状液迅速冷却可以使乳状液获得粒子细小的结晶体。W/O 型乳状液在冷却过程中和此后短时间内，会形成与要求的用途相反的结构，如形成较大的脂肪晶体时，会使流动性变差，因此在冷却过程中就要力图使晶体生长尽可能小。本实验中乳状液的冷却主要通过把乳状液放入冰水中，快速搅拌，不断在冷却表面上用搅拌器刮下凝固薄层，即可避免形成大的脂肪晶体。

2. 在制备过程中，搅拌可以消除肥牛脂肪在乳化过程中由于转子高速旋转带入的大量空气气泡。由于肥牛脂肪的黏度较大，持泡能力强，在放置过程中气泡留在乳状液中而不能逸出。大量气泡的存在不仅会影响肥牛脂肪的外观，还会导致脂肪氧化，缩短产品的贮藏期。所以乳化后进行搅拌冷却脱气是必不可少的工艺步骤。

六、思考题

1. 除本实验所用的食品乳化剂外，还有哪些食品乳化剂？试举例并说明其用途及特点。

2. 除本实验所用的机械乳化方法外，还有其他哪些乳化方法？

实验七十七　豆油乳状液剂的制备

一、实验目的

1. 熟悉豆油乳状液剂的制备方法。
2. 掌握豆油乳状液剂稳定性的测试方法。

二、实验原理

乳状液剂是两种互不混溶的液体组成的非均相分散体系。制备时加入乳化剂，通过外力使其中一种液体以小液滴形式分散在另一种液体中形成的液体制剂。乳状液剂的类型有水包油（O/W）型和油包水（W/O）型等。乳状液剂的类型主要取决于乳化剂的种类、性质及两相体积比，制备乳状液剂时应根据制备量和乳滴大小的要求选择设备。小量制备可在乳钵中进行，大量制备可选用搅拌器、乳匀机、胶体磨等器械。

乳状液剂由于表面积大，表面自由能大，因而具有热力学不稳定性。乳状液剂的物理不稳定性表现为分散液滴可自动由小变大或分层等，其每种形式都是乳剂稳定性发生改变的表征。采用离心法加速乳剂的分层，由于不同配方组成的乳状液剂在相同的离心条件下乳滴合并或分层速度的不同，因而表现出乳状液剂的浊度或对光的吸收程度不同，因而，通过测定样品被离心前后浊度的改变，可计算乳状液剂的稳定性参数（K_E），用以快速比较与评价乳状液剂的稳定性。乳状液剂的稳定性参数（K_E）计算如下：

$$K_E = \frac{A_0 - A_i}{A_0} \times 100\%$$

式中，K_E 为稳定性参数；A_0 为离心前乳状液剂稀释液中的浊度；A_i 为离心 t 时间后乳状液剂稀释液中的浊度。当 $A_0 - A_i > 0$（或 $A_0 - A_i < 0$）时，分散相油滴上浮（或下沉），乳状液剂不稳定；当 $A_0 - A_i = 0$，即 $A_0 = A_i$ 时，分散相基本不变化，乳状液剂稳定。即 K_E 值越小，说明分散油滴在离心作用下上浮或下沉的越少，此乳状液剂越稳定。由此可见，以 K_E 值的大小，可用于比较乳状液剂的物理稳定性，为筛选配方及选择最佳工艺条件提供科学依据。本实验将两种已知 HLB 值的乳化剂，以不同质量比例配合，制成具一系列 HLB 值的混合乳化剂，然后分别与油相制成一系列乳状液剂，在室温或加速实验（如离心等法）条件下，观察分散液滴的分散度、均匀度或乳析速度。

三、仪器与试剂

仪器：电子天平；研钵；显微镜；乳匀机；浊度计；离心机；烧杯；容量瓶（100ml）。
试剂：豆油；吐温-80；司盘-80；苏丹红；亚甲蓝。

四、实验步骤

1. 豆油乳状液剂配方　豆油 11ml，吐温-80 5ml，蒸馏水加至 100ml。

2. 豆油乳状液剂操作

（1）手工法取吐温-80 与豆油置乳钵中，研磨均匀，加入蒸馏水 10ml 研磨，形成初乳。用蒸馏水将初乳分次转移至带刻度的烧杯中，加水至 100ml，搅匀即得。

（2）机械法取吐温-80，加适量蒸馏水搅匀，加至乳匀机中，再加入豆油及余下的蒸馏水以 10 000r/min 速度匀质 2min，即得。

（3）镜检记录最大和最多乳滴的直径。

3. 乳状液剂类型的鉴别（方法见实验三十七）

（1）稀释法取试管 1 支，加入豆油乳状液剂约 1ml，再加入蒸馏水约 5ml，振摇或翻转数次，观察是否能均匀混合。

（2）染色镜检法将豆油乳状液剂涂在载玻片上，加油溶性苏丹红粉末少许，在显微镜下观察是否被染色，另用水溶性亚甲蓝粉末少许，同样在显微镜下观察外相染色情况。

4. 乳化豆油稳定性的测定

（1）配方豆油 25ml，混合乳化剂（吐温-80 与司盘-80）2.5g，蒸馏水加至 50ml。

（2）操作用司盘-80（HLB 值为 4.3）及吐温-80（HLB 值为 15.0）按表 6-8 配成 6 种混合乳化剂各 3g，其混合乳化剂 HLB 值计算方法见实验四十。

表 6-8　混合乳化剂组成表

乳化剂	混合乳化剂 HLB 值					
	6	7.5	8.5	9.5	10.5	12.0
司盘-80 质量/g	2.52	2.10	1.82	1.54	1.26	0.84
吐温-80 质量/g	0.48	0.90	1.18	1.46	1.74	2.16

取 6 个烧杯，各加入豆油 25ml，再分别加入上述不同 HLB 值的混合乳化剂各 2.5g，然后加蒸馏水至 50ml，乳匀机以 10 000r/min 速度匀质 2min 成乳状液剂。取 10ml 置离心试管中，3000r/min 离心 10min 后，取底部乳剂，吸取 1ml 于 100ml 容量瓶中加水稀释至刻度，混匀，测定浊度（A_i）。同法取 1ml 原乳状液剂样品，稀释、定容，测定浊度（A_0），计算乳状液剂的稳定性参数 K_E。

五、讨论要求

1. 绘制显微镜下乳滴的形态图，将用不同制备方法制得的乳状液剂加以分析讨论。

2. 记录表 6-9 中的数据，讨论乳化豆油所需的 HLB 值范围。

表 6-9　不同乳化剂制备所得乳状液剂的稳定性

	混合乳化剂 HLB 值					
	6	7.5	8.5	9.5	10.5	12.0
离心前浊度 A_0						
离心后浊度 A_i						
浊度变化值 A_0-A_i						
稳定性参数 K_E						

六、思考题

制备乳状液剂时如何选择乳化剂？

第六节　表面活性剂在其他精细化工产品中的应用

精细化工是当今化学工业中最具活力的新兴领域之一。精细化工产品种类多、附加值高、用途广、产业关联度大，直接服务于国民经济的诸多行业和高新技术产业的各个领域。精细化工产品的涵盖范围除了包括上述所提到的日用化学品、医药、农药、食品添加剂等领域以外，还包括涂料、粘接剂、油墨、染料颜料、香料香精、各种助剂等诸多领域。

表面活性剂本身也是精细化工行业的一个重要产品，素有"工业味精"之称。表面活性剂作为助剂，已经成为很多精细化工产品中必不可少的组成部分。此外，在其他技术领域中如新型分离技术、成型加工、核工业及选矿工业等领域中，表面活性剂亦有越来越广泛的应用，促进了这些领域的技术进步和节能减排，同时也促进了工业表面活性剂的发展。

本节共安排了 3 个实验，介绍表面活性剂在涂料、胶黏剂、颜料等精细化工产品中的应用。

实验七十八   乙酸乙烯酯的乳液聚合及其涂料的配制

一、实验目的

1. 了解乳胶涂料的特点及其配制方法。
2. 熟悉表面活性剂在乳液聚合中的作用。
3. 掌握自由基加聚反应的原理和乳液聚合方法。

二、实验原理

乳液聚合就是烯类单体在乳化剂（表面活性剂）的作用下，分散在水相中呈乳液状，并在引发剂的作用下进行聚合反应，得到分散在水相中呈微胶粒（0.1～1.0μm）状态的聚合物乳液。乙酸乙烯酯乳液通过聚合得到聚乙酸乙烯酯乳。这种乳液稳定性良好，由于水作分散介质，具有经济、安全和不污染环境等优点，所以得到迅速的发展，广泛应用于涂料、黏合剂、纺织印染和纸张助剂等的制造。

以聚乙酸乙烯酯乳液为基质的乳胶涂料，其中的聚乙酸乙烯酯乳液以微胶粒的形态分散在水中。当涂刷在物体表面时，随着水分的挥发，微胶粒互相挤压形成连续而干燥的涂膜。此外，还需要配入颜料、填料及各种助剂如成膜助剂、颜料分散剂、增稠剂、消泡剂等。目前这种乳胶涂料广泛用作建筑材料，已进入工业涂装的领域。相对于传统的有机涂料，避免了有机溶剂的使用，不仅节约资源，且操作安全，不污染环境。

三、仪器与试剂

仪器：三口烧瓶（250ml）；搅拌器；温度计（0～100℃）；球形冷凝管；滴液漏斗；高速搅拌机；搪瓷或者塑料杯；调漆刀；漆刷；水泥石棉样板。

试剂：乙酸乙烯酯；聚乙烯醇；OP-10；去离子水；过硫酸铵；碳酸氢钠；邻苯二甲酸二丁酯；六偏磷酸钠；丙二醇；钛白粉；滑石粉；碳酸钙；磷酸三丁酯。

四、实验内容

1. **聚乙烯醇溶解**   在装有搅拌器、温度计和球形冷凝管的 250ml 三口烧瓶中加入 66ml 去离子水和 0.75g OP-10，开动搅拌，逐渐加入 4.5g 聚乙烯醇。加热升温，在 80～90℃保持 0.5h 左右，直至聚乙烯醇完全溶解，冷却备用。

2. **乳液聚合**   将 15g 蒸馏过的乙酸乙烯酯和 3ml 5%过硫酸铵水溶液加至上述三口烧瓶中。开动搅拌器，水浴加热，保持温度在 65～75℃。当回流基本消失时，用滴液漏斗在 1.5～2h 内缓慢地按比例滴加 51g 乙酸乙烯酯和 6ml 过硫酸铵水溶液，加料完毕后升温至 90～95℃，至无回流为止，冷却至 50℃。加入 3～6ml 5%碳酸氢钠水溶液，调整 pH 至 5～6。然后慢慢加入 7.5g 邻苯二甲酸丁二酯，搅拌冷却 1h，即得白色稠厚的乳液。

测定其固体含量和黏度。固含量的测定依据 GB/T1725 进行。

3. **涂料配制**   如果所测定的聚乙酸乙烯酯乳液的固含量为 45%，则将 20g 去离子水、5g 10%六偏磷酸钠水溶液及 2.5g 丙二醇加入烧杯中，开动高速搅拌机，逐渐加入 18g 钛白粉、8g 滑石粉和 6g 碳酸钙，搅拌分散均匀后加入 0.3g 磷酸三丁酯，继续快速搅拌 10min，然后在慢速下加入 40g 聚乙酸乙烯酯乳液，直至搅匀为止，即得白色涂料。若再加少量彩色颜料浆，可得彩色涂料。

4. **性能测定**　涂刷水泥石棉样板，观察干燥速度，测定白度、光泽并做耐水性试验。制备好做耐湿擦性试验的样板，做耐湿擦性试验。

五、附注与注意事项

1. 瓶装的乙酸乙烯酯需蒸馏后才能使用。

2. 乳液聚合时，滴加单体的速度要均匀，按比例地与引发剂同时加完。并且搅拌速度要适当。

3. 在搅匀颜料、填充料时，若黏度太大难以操作，可适量加入乳液至能搅匀为止。

4. 最后加乳液时，必须控制搅拌速度，防止大量泡沫产生。

六、思考题

1. 为什么大部分的单体和过硫酸铵要用逐步滴加的方式加入？

2. 过硫酸铵在反应中起什么作用，其用量偏多或偏少对反应有何影响？

3. 为什么反应结束后要用碳酸氢钠调整 pH 至 5～6？

4. 分析配方中各种原料所起的作用。

5. 在搅拌颜料、填充料时为什么要用高速搅拌机，用普通搅拌器或手工搅拌对涂料性能有何影响？

实验七十九　丙烯酸系压敏胶的制备

一、实验目的

1. 了解表面活性剂在胶黏剂制备中的应用。

2. 掌握丙烯酸系压敏胶的制备方法。

二、实验原理

1. **主要性质和用途**　丙烯酸系压敏胶是丙烯酸酯的聚合物，具有橡胶类聚合物压敏胶所没有的耐候性和耐油性等优良性能。丙烯酸类压敏胶有溶剂型和水系乳液型。丙烯酸系压敏胶在现代工业和日常生活中应用广泛，大量用于包装、电气绝缘、医疗卫生、粘贴标签，用于遮蔽不需喷漆和电镀部位，用于防止管道的电化腐蚀，用于某些产品、器具等防止剐伤或玷污等。丙烯酸类压敏胶有优良的耐候性，用途比橡胶类的更广泛，特别适合北方寒冷地区使用。

2. **丙烯酸系压敏胶的基本成分和作用**　丙烯酸系压敏胶大致有三种基本成分，即起黏附作用的碳原子数为 4～12 的丙烯酸烷基醇，其聚合物的玻璃化温度（T_g）为 -20～-70℃。这类单体一般要占到压敏胶的 50% 以上。起内聚作用的低烷基团的丙烯酸烷基酯、甲级丙烯酸烷基酯、丙烯腈、苯乙烯、乙酸乙烯、偏氯乙烯等。内聚成分可以提高内聚力，提高产品的黏附性、耐水性、工艺性和透明度，起改性作用的官能团组分，如丙烯酸、甲基丙烯酸、N-羟甲基丙烯酰胺等单体。改性成分能起到交联作用，提高内聚强度和黏结性能，以及聚合物的稳定性等。

黏附成分、内聚成分和官能团组分是构成丙烯酸压敏胶的基本成分，凡能使黏附性能、内聚性能和黏接性能三项物理性能保持平衡的配方均可使用。但这三者之间具有反倾向，因此采用多种单体共聚。溶剂型压敏胶是在溶剂中进行单体共聚得到产品。乳液型是在水中以乳化剂将单体乳化进行共聚的乳液态产品。本实验介绍表面活性剂在乳液型丙烯酸压敏胶制备中的应用。

三、仪器与试剂

仪器：四口烧瓶（250ml）；球形冷凝管；直型冷凝管；滴液漏斗（60ml）；烧杯（200ml，500ml）；温度计（0～100℃）；量筒（10ml，100ml）；电动搅拌机；托盘天平；水浴锅；电热套等。

试剂：丙烯酸-2-乙基己酯；丙烯酸甲酯；乙酸乙烯酯；丙烯酸；氢化松香甘油酯；十二烷基硫酸钠；过硫酸铵；碳酸氢钠；正丁基硫醇；乙醇胺；N-羟甲基丙烯酰胺。

四、实验内容

乳液型丙烯酸压敏胶的制备。

1. 配方设计　水系乳液型丙烯酸类压敏胶单体的组成，一般还是由起黏附作用的丙烯酸异辛酯、丙烯酸丁酯，起内聚作用的丙烯酸甲酯、甲基丙烯酸甲酯、乙酸乙烯酯等和起改性作用的官能团单体如丙烯酸、丙烯酸羟乙酯或丙酯等组成。配方见表6-10。

表 6-10　丙烯酸压敏胶配方

名称	质量/g	名称	质量/g
丙烯酸-2-乙基己酯	86	过硫酸铵	0.3
丙烯酸甲酯	5	碳酸氢钠	0.3
乙酸乙烯酯	4	正丁基硫醇	0.1
丙烯酸	3	水	120.5
氢化松香甘油酯	2	N-羟甲基丙烯酰胺	3
十二烷基硫酸钠	0.5		

2. 单体乳化　在装有搅拌器的反应锅中，加入（4/5）量的十二烷基硫酸钠与80ml去离子水，加入丙烯酸，搅拌均匀。加入1/2量的丙烯酸-2-乙基己酯、丙烯酸甲酯和乙酸乙烯酯，搅拌均匀。再加入剩下的1/2丙烯酸-2-乙基己酯、丙烯酸甲酯和乙酸乙烯酯和正丁基硫醇，充分搅拌，形成具有一定黏度的乳液。

3. 聚合反应　在有搅拌器、冷凝器、温度计和滴液漏斗的四口瓶中，加入剩下的（1/5）十二烷基硫酸钠乳化剂和碳酸氢钠，以及20ml的去离子水。开始以80～120r/min的速度进行搅拌，同时加热升温，当温度升至84℃左右，加上述乳液约1/10，加过硫酸铵总量的1/2左右。过硫酸铵宜配成质量分数10%的溶液使用。当溶液出现蓝色荧光共聚物时，开始均匀缓慢地加入单体质量分数1%左右乙醇胺，在常温搅拌6h以上，脱去游离单体，达到除臭的目的。最后在常温下加入N-羟甲基丙烯酰胺，搅拌均匀，以80～100目的滤网过滤即为压敏胶黏剂。

五、注意事项

严格按加料顺序加料，并控制加料速度。

六、思考题

1. 什么叫压敏胶？丙烯酸乳液压敏胶有什么优点？
2. 为什么必须按顺序加料，加入速度过快有什么缺点？
3. 反应最后加乙醇胺的目的是什么？

实验八十　超细透明氧化铁黄颜料的制备

一、实验目的

1. 了解表面活性剂在胶体溶液制备中的作用。
2. 掌握氧化铁黄颜料的制备方法和原理。

二、实验原理

超细氧化铁是一种粒径小于 $1\mu m$，在透明介质中具有很好透明性的铁系颜料。它具有普通氧化铁颜料的耐光、耐化学腐蚀、无毒、价廉等优点外，还具有良好的分散性和着色力，以及强烈吸收紫外线的性能，因此，其应用领域十分广泛。目前，国内外大多采用无机物合成的方法制备超细氧化铁黄颜料，其工艺复杂，生产成本高，不利于应用和推广。

本实验采用胶体化学方法制备超细氧化铁黄颜料，即在氢氧化铁水溶液中加入十二烷基苯磺酸钠表面活性剂，对溶胶进行表面处理。然后用氯仿为萃取剂进行萃取，加热蒸发掉氯仿，烘干产物，研磨，即得分散性好的透明氧化铁黄颜料。该方法的工艺简单，成本低，产品性能优良。

实验过程中，在 Fe^{3+} 溶液中加入碱溶液，制成透明的 $Fe(OH)_3$ 水溶胶体系。加碱量相对不足，使制得的水溶胶体系中的颗粒带正电荷，加入阴离子表面活性剂时，表面活性剂在溶液中解离，产生负离子团，与带正电荷的胶体颗粒进行电荷中和，使颜料粒子改性，从而可用有机溶剂把它从体系中萃取出来。

三、仪器与试剂

仪器：玻璃片；烘箱；研钵。
试剂：三氯化铁；氢氧化钠；十二烷基苯磺酸钠；氯仿；清漆。

四、实验步骤

将 25ml 0.5mol/L $FeCl_3$ 溶液与 20ml 1.5mol/L NaOH溶液于 60℃反应 0.5h，制得 $Fe(OH)_3$ 水溶胶。然后在所得的水溶胶中加入 0.9g 十二烷基苯磺酸钠进行表面处理。冷却室温后，将其置于 25ml 氯仿中进行萃取。下层黑红色萃取液在烘箱中于 150℃下烘干后，在研钵中研磨即得产品。

分别取 0.1g、0.2g、0.3g、0.4g 样品溶于 10ml 氯仿中，再加 10ml 清漆，摇匀配漆，涂于洁净的玻璃片上，进行性能测试，随氧化铁黄颜料浓度的增大，玻璃片上的铁黄颜色也应该逐渐加深，透明性均好。产品的涂膜能强烈地吸收 400nm 以下的紫外光，并随着颜料含量的增加，吸收紫外光能力增强。

五、附注与注意事项

1. 加入适量的表面活性剂时，表面活性剂的极性端吸附颜料粒子，形成化学吸附层，而疏水基团朝外，使整个颜料粒子呈现疏水性，用有机溶剂萃取时，水油两相有明显的分界面。表面活性剂过多，整个颜料粒子基团呈现亲水性，水油两相界面不清，溶液呈混浊。

2. 反应温度为 60℃适宜。在此条件下，胶体粒子经表面活性剂处理能迅速沉降，并且有很好的疏水性，有机溶剂萃取效果良好。

六、思考题

1. 制备符合要求的超细透明氧化铁黄颜料的操作关键点有哪些？
2. 反应温度过高会有什么效果，为什么？

参 考 文 献

曹栋，裘爱泳，王兴国. 2004. 磷脂结构性质、功能及研究现状. 粮食与油脂，（5）：3-6

陈峰. 2004. 表面活性剂性质、结构、计算与应用. 北京：中国科学出版社

程涛，孙艳波，李健. 2000. 双缩脲法测定乳中酪蛋白含量. 中国乳品工业，（3）：33-35

仇东旭，宋丽. 2013. 疏水缔合羟乙基纤维素合成及性能研究. 精细石油化工，30（4）：9-13

杜美利，姜素荣，陈宏贵. 2010. 多养分复合叶面肥的制备与性能. 西安科技大学学报，30（1）：77-80

高政. 2002. 菜籽植物甾醇的提取、纯化及抗氧活性研究. 湖北：华中农业大学

谷秀春. 2012. 化学分析与仪器分析实验. 北京：化学化工出版社

国家药典委员会. 2015. 中华人民共和国药典，二部，北京：中国医药科技出版社

蒋庆哲. 2006. 表面活性剂科学与应用. 北京：中国石化出版社

焦学瞬，张春霞，张宏忠. 2009. 表面活性剂分析. 北京：化学化工出版社

居明，李晓宣. 2001. 松香改性表面活性剂的研究进展. 化工进展，21（4）：247-249

匡海学. 2014. 中药化学. 北京：中国中医药出版社

李莫础，吕亮，高瑞英. 2008. 表面活性剂性能及应用. 北京：科学出版社

李慧珍. 2013. 油茶粕蛋白质的分离提取，理化性质及体外消化产物的抗氧化性研究. 江西：南昌大学

李晓梅. 2004. 非离子表面活性剂在苦参碱提取中的应用. 山西化工，24（3）：30-31

刘锐. 2012. 茶籽粕中茶皂素提取的工艺研究. 湖北：湖北工业大学

刘鑫. 2013. 阳离子双子表面活性剂的合成及性能研究. 东北石油大学，3-6

刘艳蕊，由文颖. 2014. 环保型表面活性剂烷基糖苷的现状分析. 天津化工 28（3）：5-7

吕璠璠，陈泉源. 2015. 表面活性剂在柴油污染土壤洗涤中的应用. 矿冶工程，35（2）：94-98

吕苗. 2012. 羟乙基纤维素的改性及在洗发水中的应用研究. 江苏：江南大学

马萍，夏露，马鹏飞. 2009. 鸭蛋黄渣中胆固醇的提取及 GC-MS 含量测定. 食品工业科技，30（07）：305-307

毛培坤. 2003. 表面活性剂产品工业分析. 北京：化学工业出版社

牛华，刘艳芳，彭雪萍. 2006. 松香基吉米奇季铵盐的合成与应用. 精细与专用化学品，（14）：29-31

强亮生，王慎敏. 2015. 精细化工综合实验. 第 7 版. 哈尔滨：哈尔滨工业大学出版社

申东升，詹海莺. 2014. 有机化学实验. 北京：中国医药科技出版社

申东升，詹海莺，刘环宇. 2014. 当代有机合成化学实验. 北京：科学出版社

舒红英，丁教. 2015. 应用化学综合实验. 北京：中国轻工业出版社

孙缨，张碧霞，王玲. 2012. 硝苯地平-海藻酸钠缓释片的制备和性能研究. 中南药学，10（4）：253-256

孙毓庆，王延琮. 2005. 现代色谱法及其在药物分析中的应用. 北京：科学出版社

唐善法. 2011. 双子表面活性剂研究与应用. 北京：化学工业出版社

田琨，管娟，邵正中，等. 2008. 大豆分离蛋白结构与性能. 化学进展，20（4）：565-573

王建新，孙小梅，王林祥. 1997. 表面活性剂在对氨基苯甲醛合成中的应用. 无锡轻工大学学报，16（1）：
51-55

王军，杨许召. 2009. 表面活性剂新应用. 北京：化学工业出版社

王世荣，李祥高，刘东志. 2010. 表面活性剂化学. 北京：化学工业出版社

王世润. 1991. 酪蛋白的主要组成及其分离技术. 中国乳品工业，19（6）：266-267

王香爱，陈养民. 2007. 壳聚糖的研究进展及应用. 应用化工，36（11）：1134-1137

王孝华. 2004. 海藻酸钠的提取及应用研究. 重庆：重庆大学

王旭颖，董安康. 2011. 壳聚糖表面活性剂的制备及其表面性能. 日用化学工业，41（3）：172-175

王祖模，徐玉佩. 1992. 两性离子表面活性剂. 北京：中国轻工业出版社

魏新跃，方玲，李宁. 2016. 应用化学专业实验. 成都：西南交通大学出版社

温俊杰，周莉. 2016. 微波法制备 O-羟丙基-N-辛基壳聚糖及其性能表征. 应用化学，32（2）：193-198

吴海霞. 2009. 精细化学品化学. 北京：化学工业出版社

吴素萍，章中. 2007. 植物甾醇的研究现状. 中国食物与营养，（9）：20-22

谢亚杰，王伟，刘深. 2005. 表面活性剂制备技术与分析测试. 北京：化学工业出版社

刑存章. 2010. 应用化学实验. 北京：化学工业出版社

熊道陵，张团结，陈金洲，等. 2015. 茶皂素提取及应用研究进展. 化工进展，34（4）：1080-1087

徐宝财. 2009. 表面活性剂原料手册. 北京：化学工业出版社

颜红霞，王艳丽，张军平，等. 2015. 现代精细化工实验. 西安：西北工业大学出版社

杨继生. 2015. 表面活性剂原理与应用. 南京：东南大学出版社

余爱农，田大昕，王炼芝，等. 2015. 应用化学专业实验. 北京：高等教育出版社

张光华，顾玲，段二红. 2003. 多组分表面活性剂复配在废纸脱墨中的应用. 日用化学工业，33（6）：356-358

张太亮，鲁红升，全红平. 2011. 表面及胶体化学实验. 北京：化学工业出版社

张星华. 2010. 羊毛脂中胆甾醇的分离提取工艺. 天津：天津大学化工学院

张艳，徐舸，孙硕. 2015. 应用化学专业实验. 北京：化学工业出版社

张友兰，张天永，孟舒献. 2005. 有机精细化学品合成及应用实验. 北京：化学工业出版社

张宗培. 2009. 仪器分析实验. 郑州：郑州大学出版社

赵世民. 2014. 表面活性剂-原理、合成、测定及应用. 北京：中国石化出版社

郑忠，胡纪华. 1995. 表面活性剂的物理化学原理. 广州：华南理工大学出版社

朱凯，朱新宝. 2012. 精细化工实验. 北京：中国林业出版社

朱灵峰，王海荣，曹永，等. 2012. 应用化学专业实验. 哈尔滨：哈尔滨工业大学出版社

邹君，凌秀琴. 2001. 淀粉基表面活性剂烷基糖苷的合成与应用. 广西化纤通讯，（2）：28-31